南亚地区超高层建筑施工技术的应用案例分析与技术发展趋势

◆主编　金建明　孙亚鹏

北京交通大学出版社
·北京·

图书在版编目（CIP）数据

南亚地区超高层建筑施工技术的应用案例分析与技术发展趋势 / 金建明，孙亚鹏主编 . 北京：北京交通大学出版社，2025. 8. -- ISBN 978-7-5121-5583-1

Ⅰ. TU974

中国国家版本馆 CIP 数据核字第 20258MT234 号

南亚地区超高层建筑施工技术的应用案例分析与技术发展趋势

NANYA DIQU CHAOGAOCENG JIANZHU SHIGONG JISHU DE YINGYONG ANLI FENXI YU JISHU FAZHAN QUSHI

责任编辑：廖志平

出版发行：北京交通大学出版社　　电话：010－51686414

地　　址：北京市海淀区高梁桥斜街 44 号　　邮编：100044

印 刷 者：北京华宇信诺印刷有限公司

经　　销：全国新华书店

开　　本：185 mm × 260 mm　　印张：11.25　　字数：281 千字

版 印 次：2025 年 8 月第 1 版　　2025 年 8 月第 1 次印刷

定　　价：78.00 元

本书如有质量问题，请向北京交通大学出版社质监组反映。对您的意见和批评，我们表示欢迎和感谢。

投诉电话：010－51686043，51686008；传真：010－62225406；E-mail：press@bjtu.edu.cn。

斯里兰卡科伦坡香格里拉二期公寓项目

PREFACE

序 一

随着全球经济的持续发展与城市化进程的加快，超高层建筑已成为现代城市的重要标志之一。以南亚地区为例，超高层建筑的崛起不仅反映了地区经济实力的提升，更是其技术创新能力的集中体现。南亚地区作为古代文明中心之一，拥有着悠久的历史和独特的地理环境。随着人口密度的大幅度增长和土地资源的日益紧张，超高层建筑应运而生，在满足城市发展需求的同时，也面临着诸多技术与管理挑战。

在这一背景下，该书旨在通过对南亚地区超高层建筑施工技术的深入分析，探讨其应用案例及未来发展趋势。近年来，随着施工技术的不断进步，南亚地区的建筑行业逐渐形成了以创新驱动为核心的可持续发展模式。我们在超高层建筑项目中运用了先进的施工管理技术与理念，如 BIM（建筑信息模型）技术、预制装配式施工、智能监控等，这些技术的广泛应用显著提高了施工效率，降低了安全风险，确保了工程质量。在此方面的探索与实践，不仅推动了企业自身技术进步，也为南亚地区建筑行业的整体发展注入了新动能。

在该书的撰写过程中，编者重点关注了以下几个方面：首先，分析南亚地区超高层建筑施工的现有技术，包括材料应用、施工工艺、设备选择等；其次，深入探讨典型项目的实施过程，剖析在施工中遇到的挑战及解决方案；最后，展望未来超高层建筑施工技术的发展趋势，探讨数字化、智能化应用对建筑行业发展的深远影响。

在全球建筑行业转型升级的背景下，南亚地区的超高层建筑施工技术也面临着新的机遇与挑战。数字化、智能化的发展应用为建筑施工带来了前所未有的变革，我们期待在未来的建设中，能够借助这些新技术，实现更高效的施工管理，创造更优质的建筑环境。同时，我们也意识到，技术的进步并非孤立存在，它需要与当地的文化、经济和社会环境紧密结合，才能完全释放其内在潜力。因此，在推动超高层建筑施工技术发展的过程中，理解与尊重南亚地区传统建筑文化及其独特的社会经济背景是必需的。

编者希望通过对该书中实例的探究，能够为业界提供有益的知识储备，帮助同业者更好地应对未来在超高层建筑施工中可能会面临的挑战。

此外，编者还关注可持续发展及绿色建筑理念在超高层建筑施工中的实际应用。随着全球对环保和可持续发展的日益重视，建筑行业也在不断探索降低能耗、减少碳排放的方法。南亚地区在这方面的实践与探索将为全球建筑行业提供宝贵的经验与启示，我们也十分期待通过本书引发广大读者对绿色建筑施工技术的思考。

未来，南亚地区的超高层建筑市场将持续扩大，伴随着城市化进程的加速及经济增长的不断加快，建筑行业的竞争将愈加激烈。如何在确保安全、高效的基础上，实现技术的创新与应用，将是行业发展必须面对的重要课题。编者相信，通过该书对南亚地区超高层建筑施工技术的分析与总结，能够为相关研究者、从业者及政策制定者提供重要参考，助力整个行业的可持续发展。

在此，感谢所有参与本书撰写的作者，正是你们的努力与贡献，使得这一领域的研究与实践不断推进。同时，我们也要感谢所有关注与支持我们工作的读者，期待本书能够为您提供启发与帮助，促进我们共同探索南亚超高层建筑施工技术的未来。我们希望本书不仅能成为行业的参考书籍，更能激励更多的创新思维与实践，为南亚地区的建筑行业注入新的活力与动力。

中交第三公路工程局有限公司
党委书记、董事长：蔡唐涛
2025 年 1 月

PREFACE

序 二

在全球建筑行业飞速发展的浪潮中，超高层建筑作为城市发展的重要标志，不仅展示了人类在工程技术上的卓越成就，也反映了经济和社会的进步。特别是在南亚地区，随着城市化进程的加快，超高层建筑的兴起为城市发展注入了新的活力。作为中交三公局的一员，我深感《南亚地区超高层建筑施工技术的应用案例分析与技术发展趋势》的出版具有重要的现实意义和深远的影响。

该书聚焦于南亚地区的超高层建筑施工技术，通过深入分析多个成功案例，系统总结了在施工过程中所采用的先进技术和管理经验。这些案例不仅展现了各国在面对复杂地理和气候条件下的创新与应对策略，更为广大施工单位提供了宝贵的实践参考。编者希望通过这些案例的分享，让更多的同业者能够借鉴成功经验，提升施工的效率与安全。

南亚地区的建筑行业正处于快速发展阶段，经济增长与城市化进程的加速对建筑施工提出了新的挑战。在此背景下，如何应对地震、洪涝等自然灾害的影响，如何在资源有限的情况下实现可持续发展，已成为行业亟待解决的重要课题。该书中，编者通过探讨绿色建筑理念、数字化施工技术及智能化管理等新兴趋势，展示科技创新在推动建筑行业转型升级中的巨大作用。这不仅是对当前技术发展的归纳总结，更是对未来建筑发展的前瞻性思考。

中交三公局始终致力于推动建筑行业的技术进步和管理创新，特别是在超高层建筑的设计、施工和组织管理方面。在过去的项目实践中，公司积累了丰富的经验，该书的出版，也是希望将这些经验与行业同仁分享的体现。我们希望通过此次分享，能够激发更广泛的技术交流与合作，共同推动南亚地区建筑行业的可持续发展。

在此，感谢所有参与图书编写的作者，是他们的辛勤付出和智慧碰撞，使得该书能够顺利完成。我衷心希望该书能够为读者提供有价值的参考与启迪，也希望它能够为行业内外人士学习和研究超高层建筑施工技术提供重要参考。

在当前全球建筑行业面临诸多挑战的背景下，我们特别强调科技创新和可持续发展的重要性。超高层建筑不仅需要满足功能性和美观性的要求，更需要在施工过程中充分考虑资源的有效利用和环境保护。在这一领域，南亚地区的建筑师、工程师和管理者们积极探索新材料、新技术的应用，如 BIM（建筑信息模型）、预制构件技术和绿色建筑设计等，以提升施工效率、降低能耗并减少对环境的影响。这些创新实践将为未来的建筑发展提供宝贵的经验。

同时，该书还将关注行业内的管理模式与团队协作，重视在超高层建筑施工过程中，跨学科、跨领域的合作所带来的新机遇。无论是设计团队、施工单位，还是监理和业主方，只有高效沟通协作，才能在项目中实现最佳的管理效果，确保施工安全和工程质量。

展望未来，南亚地区的超高层建筑行业必将迎来更多机遇与挑战。我们希望该书能够引起更多行业同仁的关注与思考，激励大家不断探索和实践，共同推动建筑行业的持续进步与发展。

最后，我衷心祝愿该书的读者在阅读过程中，能够有所收获。愿《南亚地区超高层建筑施工技术的应用案例分析与技术发展趋势》能为您提供宝贵的启示，助力您在超高层建筑的研究和实践中取得更大的成就。

中交第三公路工程局有限公司

党委副书记、总经理：李海潮

2025 年 1 月

FOREWORD

前　言

本书以斯里兰卡香格里拉二期公寓项目、香格里拉三期商业综合体项目、Havelock Ctiy 商业发展项目、临港公寓项目为依托，主要工程内容包含基坑工程、主体结构、机电工程，装饰装修工程，玻璃幕墙及室外园林景观等。

经过四个项目的探索，超高层施工难点主要包括深基坑支护，海滨地区深基坑强降水，大体积混凝土浇筑（3.5 m 厚，中心 5.6 m 厚），高支模施工（模架 11.8 m 高），超高层高强度混凝土泵送（最大泵送高度达 203.05 m），主塔垂直运输，塔楼核心筒区域测量精度控制，超高层的安全施工管理，圆形巨柱施工质量控制，弧形外形结构施工，预应力结构，标准层模板采用系统铝模板，水力平衡施工技术，VAV 空调系统调试技术，噪声控制技术，竖向管井施工技术，超高层高空吊装技术，空调系统风，水平衡调试技术，超高层电缆敷设和防雷接地系统等。

在施工过程中，涉及地基基础和地下空间工程技术、混凝土技术、钢筋及预应力技术、模板及脚手架技术、钢结构技术、机电安装工程技术、室内精装技术、异形玻璃幕墙施工技术、绿色施工技术、抗震加固与监测技术、信息化应用技术等住房城乡建设部重点推广的新技术和直立锁边金属屋面系统新应用技术。

超高层结构复杂，智能化程度高，涉及新技术范围比较广。中交三公局在斯里兰卡地区已成功实施科伦坡香格里拉二期双子塔公寓项目（193.8 m 高）、科伦坡香格里拉三期写字楼项目（164.965 m 高）等超高层建筑施工，技术人员团队固定，有一定的技术积累，可为超高层项目的顺利实施提供有力保障。

编　者

斯里兰卡科伦坡哈佛洛克城商业开发项目

目录 CONTENTS

总 篇

技术篇

管理篇

未来技术发展趋势篇

CHAPTER 1

总 篇

一 发展历程

二 竣工项目介绍

三 编制背景

四 国内外超高层建筑施工技术研究概况

一、发展历程

公司海外业务经过 17 年的发展，已经遍及亚洲、非洲、欧洲、拉丁美洲和大洋洲五大洲，包括秘鲁、斯里兰卡、马尔代夫、巴布亚新几内亚、柬埔寨、肯尼亚、科特迪瓦等 17 个海外国家。业务范围涵盖海外市政、公路、桥梁、基站、房建、矿产资源开发等领域。在海外超高层建筑、机场及轨交站房工程、工业厂房及港区建筑、水处理站及给排水工程等方面，我们已经积累了一定的品牌优势。本书将着重介绍公司在房建方面取得的成绩和积累的宝贵经验。

中交第三公路工程局有限公司（以下简称“中交三公局”）从 2009 年开始参与实施海外背景的房建市场，2014 年进入超高层领域，先后顺利完成了斯里兰卡科伦坡香格里拉二期公寓项目、香格里拉三期商场写字楼项目、Havelock City 商业发展项目、临港公寓项目等四个超高层项目。公司逐步取得了平台公司的信任，身份也完成了从土建分包到施工总承包再到设计是施工总承包的蜕变。

二、竣工项目介绍

图 1 斯里兰卡科伦坡香格里拉二期公寓项目

1. 斯里兰卡科伦坡香格里拉二期公寓项目

该项目是公司海外第一个超高层项目，工程内容包括两座 50 层的双子塔，其中地下 1 层，裙楼 6 层。建筑总面积为 16.3 万 m^2，建筑高度为 193.8 m。该项目的合同金额约为 5 104 万美元，2014 年 11 月 27 日开工，2017 年 8 月竣工（见图 1）。

2. 斯里兰卡科伦坡香格里拉三期商场写字楼项目

该项目建筑总面积为 19.1 万 m^2，是集车库、酒店、商场、办公楼、综合健身休闲于一体的超高、超大、多功能性智能化综合体建筑，建筑高度为 164.965 m。该项目的合同金额为 6 576 万美元，于 2015 年 11 月 9 日开工，2019 年 10 月 30 日竣工（见图 2）。

图 2　斯里兰卡科伦坡香格里拉三期商场写字楼项目

3. 斯里兰卡哈佛洛克城商业发展项目

该项目建筑总面积为 14.1 万 m^2，地下 2 层，地上 49 层，是一座现代化大型商场写字楼（见图 3）。其建筑高度为 203.05 m，为中交海外项目第一高楼。该项目的合同金额为 1.16 亿美元，工期为 36 个月。

图 3　斯里兰卡哈佛洛克城商业发展项目

4. 斯里兰卡科伦坡十五区临港公寓开发项目

该项目建筑总面积为 19.1 万 m^2，包括 1 层整体地下室和 5 栋塔楼（见图 4），建筑高度为 123.85 m，该项目的合同金额为 4.74 亿元人民币，于 2019 年

11 月 15 日正式开工，合同工期为 1 277 天。

图 4　斯里兰卡科伦坡十五区临港公寓开发项目

三、编制背景

“一带一路”作为我国推动构建人类命运共同体的倡议，自 2013 年提出以来，经过科学规划与稳步实施，目前已进入高质量发展新阶段，其建设成果持续受到国际社会的高度关注和相关国家、地区的积极回应与深度参与。从“一带一路”途经路线和辐射范围看，其向北连通俄罗斯的交通线及管道，向东衔接东亚主要经济体日本、韩国，向西经中亚连西欧，向西南借印度洋达北非，将东亚、东南亚、南亚、中亚、欧洲南部、非洲东部广大地区连为一体。“一带一路”是一个站在全球高度、盘活区域内各种资源、推进我国全面改革开放、促进我国与周边国家共同发展的战略安排。

斯里兰卡正好处于“一带一路”倡议的核心节点上，随着斯里兰卡内战的结束，国内政治逐步趋于稳定，国民经济得到了快速发展，城市基础设施的落后与不足严重制约了社会的发展。随着首都科伦坡城市建设的飞速发展，城市中可利用的地上空间越来越少，城市发展与土地资源短缺的矛盾越来越突出，城市人口的高度集中和地价的猛涨促进了高层建筑的发展。而超高层建筑的一个突出作用就是有利于节约土地等城市资源，解决当今城市人口密集和用地紧张的矛盾，是城市应对建筑面积需求的一种解决方案。超高层建筑在斯里兰卡是一种发展趋势。

中交三公局以公司海外超高层项目为依托，整理研究超高层建筑主体结构结合机电装饰装修工程的综合施工技术，意义重大，将为公司超高层建筑施工积累丰富施工经验。同时，这也能全面提高公司在斯里兰卡地区整体竞争力，提高技术水平，为公司在斯里兰卡长久发展打下坚实基础。

四、国内外超高层建筑施工技术研究概况

超高层建筑施工特点非常鲜明：投资大、工期长、作业空间小。地理位置一般都在闹市区，施工场地狭小，因此施工技术路线必须具备很强的针对性，以缩短工期，提高投资效益。

现代超高层建筑起源于美国，已经有一百多年的发展历史，经历过三个发展高潮。第一个发展高潮的代表建筑是 1931 年建成的美国纽约帝国大厦（381 m 高，102 层）；第二个发展高潮的代表建筑是 1972 年建成的美国纽约世界贸易中心（417 m 高，110 层）和 1974 年建成的美国芝加哥西尔斯大厦（442 m 高，108 层）；第三个发展高潮的代表建筑是 1998 年建成的马来西亚吉隆坡石油大厦（452 m 高，88 层）和中国上海金茂大厦（420.5 m 高，88 层）。

超高层建筑基础多采用深基础。由于建筑高、体量大，支撑高层的地基必须达到足够的强度，所以多采用深基础，持力层嵌入微风化岩层。超高层建筑的地下室具有深度大、层数多、面积大的特点。一是要满足建筑功能方面的要求，如人防面积、停车位数量等；二是要解决在施工过程中的结构抗浮问题；三是市区地价日益上涨，要充分利用地下空间。

超高层建筑结构形式多为混合型，如型钢混凝土、钢管混凝土、钢筋混凝土结构或全钢结构等。它们的共同特点是：施工简便、工期短、结构性能好且节约建筑材料。目前，其已成为超高层建筑群最为实用和主要的结构形式。

超高层建筑装饰工程装饰富于变化，工程量大，技术含量高，要求高。超高层建筑的装饰工程需要重点保障构造安全与功能性，在抗风压性能、水密性及气密性指标上须严格遵循相关规定。

超高层建筑功能复杂，子系统多，安装工程量大，要求精度高；新技术、新材料、新工艺被大量采用。

超高层建筑在施工中应当采取如下对策。

（1）施工技术突破。超高层建筑绝不是简单的建筑楼层数量上的叠加、施工的延长，而是要求在施工技术方面必须注入新的元素和有新突破。

（2）深基础施工技术。根据地质条件，深基础一般采用大直径人工挖孔桩，冲（钻）孔灌注桩，预制混凝土管桩或预制钢管桩。对于施工总承包来说，按照设计的桩类型进行施工，主要考虑的是技术能力、设备能力、安全和质量控制能力。作为工程施工总承包项目需要考虑成本因素以及获得这些能力的难易程度。

（3）大基坑土方开挖和支护技术。在当时斯里兰卡政治环境下，选择适当的基坑支护方案，高效实施至关重要。根据工程特点，选择经济合理的支护方案，在满足安全及质量的前提下，一方面可节约成本，降本增效；另一方面可节约工期，如期履约。

我国超高层建筑研究及工程应用起步比较晚，但是发展非常迅速。目前世界已建成的十大超高层建筑中，我国占有 6 座，这表明我国是世界超高层建筑建造大国。

1996 年 80 层、高 322 m 的中信广场和 81 层、高 325 m 的地王大厦建成，特别是 1998 年 88 层、高 420.5 m 的上海金茂大厦建成，使我国超高层建筑施工技术跨入世界先进行列。同时，超高层建筑领域设备已实现国产化。我国塔吊生产技术发展迅速，已经能够生产各种可适应超高层建筑施工需要的自升式塔吊；在混凝土超高设备泵送领域，我国已经达到了世界领先水平。此外，国产大空间、大吨位、高速施工电梯已经成功应用于 500 m 级巨高层建筑。在软土环境下的深大基坑工程技术、高强度混凝土超高泵送技术、整体提升模板工程技术等方面，我国都处于世界领先水平。

基于 CTBUH（世界高层建筑与都市人居学会）的统计分析，1900—1999 年间，北美地区在 150 m 以上已建成高层建筑中的占比从 20 世纪初的 82%（1910 年伍尔沃斯大厦时期）降至世纪末的 37%（1998 年吉隆坡双子塔竣工时），而亚洲地区自 1960 年东京霞关大厦突破 150 m 后，其占比从 1970 年的 4% 跃升至 2000 年的 49%。根据 2023 年 CTBUH 年报数据，2000—2022 年全球新建 300 m 以上超高层建筑中，亚洲贡献率达 63%（含中国 47%、中东 9%），结合麦肯锡预测的 2050 年亚洲城市化率将达 64% 的发展趋势，可论证亚太地区已成为全球垂直城市进程的核心驱动极。

香格里拉三期项目

斯里兰卡香格里拉一期酒店项目

CHAPTER 2

技术篇

一、项目总体施工思路及部署

1. 超高层建筑总体施工路线

超高层综合体商业建筑一般位于闹市区，以 Havelock City 项目（以下简称“本工程”）为例，项目位于斯里兰卡首都科伦坡六区，周边环境复杂，毗邻建筑工地坐落着三座寺庙，分别是印度庙、佛寺、清真寺。由于地下管线复杂且年代久远，目前没有相关施工资料可供查阅。

超高层结构形式多为外框巨柱 + 混凝土核心筒剪力墙结构，塔楼施工采用“平层流水 + 立体交叉”作业模式，依据塔楼面积划分两个或多个流水段，聚焦塔楼主体施工，搭配混凝土一泵到顶的泵送工艺，形成总体施工技术路线。

2. 施工关键技术及操作要点

（1）深基坑支护。斯里兰卡香格里拉三期项目和 Havelock City 项目均为深基坑项目，且紧靠海边和科伦坡市内河沿线。以 Havelock City 项目为例，根据勘察报告得知，地下土质较差，表层 0 ～ 1.5 m 为杂填土，主要是黏土砂及建筑垃圾，下层依次为黏土砂、粉砂、淤泥质黏土。整个基坑按照整体分层开挖，支护结构采用地连墙 + 预应力锚索支护。开挖和支护施工同时穿插进行，并遵循先撑后挖的原则，逐步推进。工程基坑边长 140 m，地质条件复杂，基坑支护采用墙锚支护体系。该支护体系施工成本低、效率高、稳定性好。

（2）大体积混凝土浇筑。塔楼核心筒筏板厚度为 3.5 m，局部为 5.6 m，斯里兰卡地区尚无类似工程案例借鉴。优化混凝土配合比，选用低热硅酸盐水泥，掺加 25% 粉煤灰，混凝土中心布置 4 排冷水管循环降温，混凝土浇筑完毕采用蓄水养护保温保湿。混凝土浇筑采用整体分层连续浇筑工艺，保证筏板基础完整性。

（3）超高层建筑大型设备选型及配置。根据项目特点，按照经济合理的原则，选用适合的大型设备尤为重要。本工程主塔配置 2 台中联重科 TC6015 A-10 平头塔吊，完全能够满足主体结构施工需求。塔吊选型还应充分考虑超高层建筑机电设备吊装。本工程主塔 L29 层为设备转换层，分布有发电机、板式转换器、变压器、消防水泵等设备。垂直运输选用 2 台中联重科 SC200 型双轮人货电梯，以满足在室内电梯运行之前的施工需求。

（4）模板选型。超高层项目一般结构形式为外框内筒。外框结构由巨柱及预应力梁板结构组成，内筒为混凝土剪力墙结构，结构布置对称，造型简单，楼层均为标准层，所以选用铝合金模板，其周转次数多，施工质量高，可以避免跑模、胀模等质量问题，其优质的外观质量也可以省去外墙抹灰等施工内容。

（5）大跨度后张法预应力结构施工。Havelock City 项目主塔标准层及裙楼商场大跨度混凝土梁均设计为预应力结构。主塔板厚 180 mm，采用后张法预应力结构，如何控制薄板预应力结构施工质量，最为关键。

3. 主要大型设备配置

Havelock City 项目主要大型设备配置见表 1。

表 1　主要大型设备配置表

序号	机械设备分类	机械或设备名称	型号规格	数量 / 单位	额定功率
1	土方机械和混凝土浇注机具	挖掘机		1 辆	220 kW
2		挖掘机		4 辆	200 kW
3		压路机		1 辆	
4		自卸车		36 辆	
5		大货车		2 辆	
6		平板拖车		1 辆	
7		混凝土泵车		1 辆	
8		地泵		4 台	
9		混凝土运输车		6 辆	
10		自动布料机		2 台	
11	垂直运输	塔吊	TC6015A-10	4 座	
12		双笼提升机		4 台	
13		汽车吊	25T	1 辆	
14	发电设备	发电机		1 台	400 kW
15		发电机		1 台	200 kW

4. 小结

根据项目特点和项目需求，合理配置大型机械设备，并将现场平面布置合理，以满足生产需求，同时最大限度地提高机械设备的利用率。针对重大施工方案，需要充分做好方案论证和比对，并根据工程的特点，选择最合理经济的施工方案，以确保安全、质量、工期均达到项目策划的目标。

二、深基坑止水帷幕施工技术

1. 基坑概况

香格里拉三期基坑项目是目前科伦坡市基坑深度最深、面积最大、水文地质条件最复杂（地下水位 -4.0 m），且周边环境复杂（见图 5）、支护桩嵌岩深度不足与地下水渗漏严重的一个深基坑。项目基坑面积约为 13 000 m^2，南北长度约为 117 m，东西最大长度为 129 m，裙楼部分深度为 11.0 m，塔楼部分深约为 13.0 m，总开挖方量为 14.8 万 m^3，属于大型深基坑。基坑西侧紧邻交通主干道加勒路，车流量大，距离基坑约 5 m，路宽约 20 m，路侧 1.5 ～ 2.0 m 深度范围内埋设 132 kV 市政电缆（要求施工安全距离大于 0.5 米），道路西侧约 110 m 为印度洋，平均潮差为 2 m；基坑北侧、南侧分别为香格里拉一、二期工程，基础为桩基 + 筏板基础，基坑南北两侧分别与二期和一期基坑相接，本基坑施工时相邻的一、二期正在施工上部结构；基坑东面为 7 m 宽的场内道路，道路外侧为斯里兰卡国家国防部，内有大量砖混结构房屋，基础埋深不详，距离基坑约 15 m；建筑物东侧 110 m 左右为内陆河流，河宽约 55 m，与西侧印度洋相连，该区域最大潮差达 2 m。基坑周边环境复杂，地下水位高，按一级基坑进行设计。

图 5　项目周边环境

2. 地质水文情况

根据岩土勘察报告，本工程范围内由上自下地层分布为：中密砂层、密实砂层、非常密实砂层、沉积土层、风化岩层、新鲜岩石层。本工程的开挖范围涉及上述所有土层。岩石轴向抗压强度大于 100 MPa，不能直接采用机械开挖。勘察报告探明，工程范围内地下水位在地面以下 4 m 处，同时土层渗透系数大，由于临海和内河，地下水补给充分，对基坑开挖很不利。

3. 已施工支护桩情况

基坑支护混凝土桩及素混凝土咬合桩已经由斯里兰卡当地队伍施工完成，但施工质量较差。

其中：

东西两侧为支护桩（见图 6），桩径 1 000 mm，间距 1.05 m，已施工支护桩平面排列呈不规则交错状，桩施工质量较差，部分相邻支护桩未咬合，部分桩间土开挖后暴露，桩垂直度差，桩间缝隙大，不具备止水功能；

南侧为咬合桩，桩径 800 mm，桩距 1.3 m；北侧为咬合桩，桩径 800 mm，桩距 1.3 m，塔楼部分桩径为 1 200 mm，桩距 1.6 m；南北两侧咬合桩施工质量较好，具备止水功能。

图 6　东西侧已施工桩现场情况

由业主方提供的支护桩资料表明，由于基岩面起伏，支护桩长度不一，嵌岩深度≥ 0.5 m。

4. 止水帷幕设计思路

基坑既有支护桩顶采用冠梁相连加固；地下水位在地面下 4 m，东侧采用高压旋喷桩作为止水帷幕进行止水；西侧采用旋喷桩、长螺旋止水桩配合超前小导管注浆、内侧桩脚旋喷桩进行止水；南北两侧支护桩咬合较好，具备止水功能，故南北两侧不施工止水桩，个别点位出现渗水或涌水时采用快硬水泥混合碎布团封堵，配合小导管注浆进行止水；基坑内、外侧采用管井降水施工；在底部支护桩与岩层未充分结合部位，以及旋喷桩施工缺陷部位，如果存在渗漏，应采用浇筑混凝土堵漏或小导管注浆等防渗措施，必要时还应采用双浆液或化学注浆；配套做好支护桩变形、地表沉降、地下水位、周边建筑变形等监测工作。

5. 止水帷幕施工范围

止水帷幕如图 7 所示。

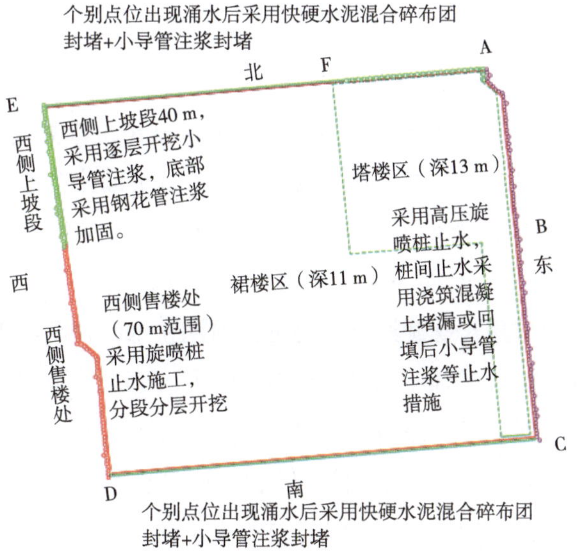

图 7　止水帷幕示意图

1）东侧（临国防部、内陆湖侧）

（1）东侧采用高压旋喷桩作为止水帷幕进行止水。

东侧（临国防部侧，塔楼部分基坑开挖深度为 13 m，群楼部分基坑开挖深度为 11 m，基底位于地下水位下 9.5 m），基坑边界距离施工红线 6 m，支护桩长 11 m，桩径 0.8 m，最小嵌岩不小于 0.5 m，已施工支护桩平面排列呈不规则交错状，部分相邻支护桩未咬合，部分桩间土开挖后暴露，不具备挡水止水功能；现场采用施工 0.8 m 旋喷桩止水，如图 8 所示。

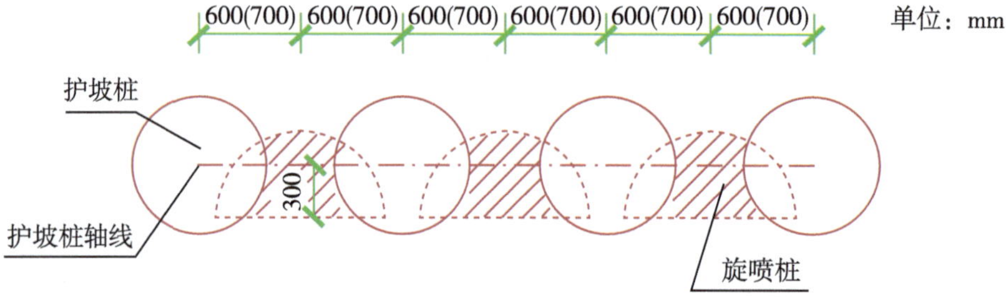

图 8　东侧旋喷桩示意图

（2）东侧护坡桩间漏水处理措施。

土方开挖后在基坑底部 4 m 范围偶有涌水涌砂，采用浇筑混凝土堵漏或回填后小导管注浆等止水措施。

少量渗漏采用碎布裹快硬水泥封堵、预留压浆管、支设模板、浇筑封堵混凝土等方法；渗漏量较大区域采用土体回填反压减少渗流量，桩后压浆。在东侧部分支护桩可能存在未入岩或入岩深度可能不足的情况下，贴近支护桩内侧进行高压旋喷桩加固并止水，同时对距离支护桩 2 m 左右范围土体进行导管注浆加固，对桩脚止水的同时，也起到加固桩脚土体、增加部分桩体嵌固的作用。

2）西侧（市政道路、印度洋侧）

西侧紧邻大海（基坑底位于地下水位下 6.5 m），支护桩距离快速道路 6 m，支护桩长 19 ～ 20 m 不等，支护桩嵌入土层 6.9 ～ 12 m，支护桩平面排列呈不规则交错状，部分支护桩未咬合。由于现场售楼处（70 m 范围）未移交，不具备施工旋喷桩条件，要等售楼处拆除后进行旋喷桩施工，前期为保证塔楼主体基坑开挖，靠近一期的坡道部分（40 m 范围）需要先施工，故采用长螺旋混凝土桩进行前期止水，在距离支护桩 3 m 处施工部分长螺旋混凝土灌注桩，桩长 13 m，旋入砂土层中，用于基坑开挖临时挡水。

（1）西侧售楼处（70 m 范围）采用旋喷桩止水施工。

针对西侧售楼处 70 m 范围内支护桩未咬合不满足止水条件，待售楼处拆除后，拟采用旋喷桩止水施工，分段分层开挖，对开挖过程中出现的渗水、涌水点采用回填土方、快硬水泥封堵、桩后压浆进行止水施工处理（如图 9 所示）。

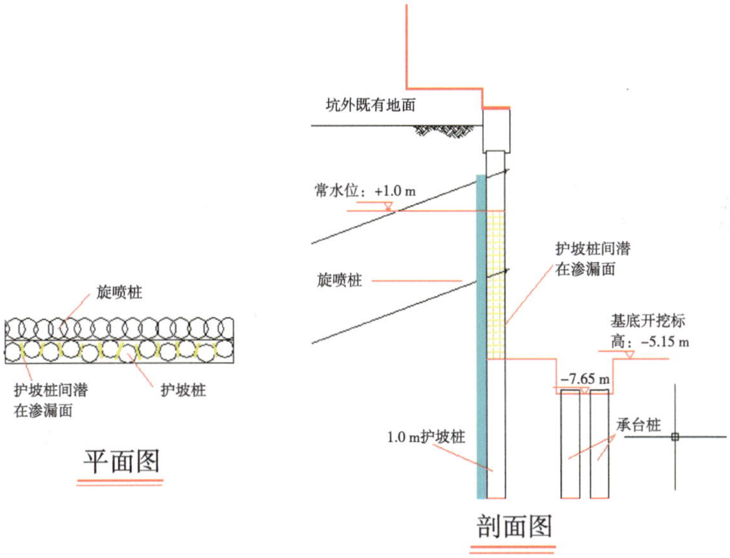

图 9　西面印度洋侧售楼处部分止水示意图

（2）西侧上坡段（40 m）采取长螺旋混凝土桩配合超前小导管注浆进行止水。

同时，西侧紧邻一期工程旁边上坡道及花池施工，由于业主要求先施工，现场采用逆作法已施工至原地面下 5 m。该部分长度 40 m 范围不能进行后续止水旋喷桩施工，拟采取超前小导管注浆逐层开挖方案；在涌水或涌砂小导管不易施作时，考虑采用后退式注浆，即直接利用钻机钻孔的钻杆作为注浆管从钻杆前注浆，钻孔达到设计孔深后，边注浆边后退钻杆，直至该段注浆结束；在涌水涌砂情况严重时，采取前进式反复注浆。基坑靠海侧受潮汐影响，水头压力大，在靠近支护桩处，开挖至距离基坑底标高 2 m 左右时，在贴近支护桩内侧进行高压旋喷桩加固并止水，同时对距离支护桩 2 m 左右范围的土体进行导管注浆加固，起到桩脚附近基底止水作用。

注浆范围为 40 m × 2 m，注浆孔（孔径为 ϕ32.5 mm，壁厚 3.5 mm，管壁四周间隔 20 cm，呈梅花形布置 ϕ8 mm 出浆孔）间距为 1.0 m（呈梅花形布置），竖直方向施钻。钻孔嵌岩深度为 0.5 m，平均深度约 10 m。注浆液采用水泥浆，必要时采用水泥水玻璃双液浆。注浆压力可以根据经验值先行拟定，然后在注浆施工中根据注浆效果进行调整。本次注浆根据以往的施工经验暂定 1.0 MPa。

为了保证注浆效果，我们采用了隔孔间歇注浆。首先进行注浆孔位编制，按排序编制注浆孔号，由一端到另一端流水编制排号。按从左向右横向顺序编制序号。钻孔注浆施工由小号排数向大号排数顺序进行施作。每排注浆孔分为两个序列进行施工，即首先施工Ⅰ序孔，然后施工Ⅱ序孔。

如果注浆过程中出现浆液渗漏，压力表长时间读数很小或无读数，应采用限压、限流与短时间间歇（数十分钟）注浆。如果达不到要求，可以采用长时间间歇待凝，然后限流逐渐升压灌注。一般情况下，反复 1 ～ 2 次即可达到结束标准（如图 10 所示）。

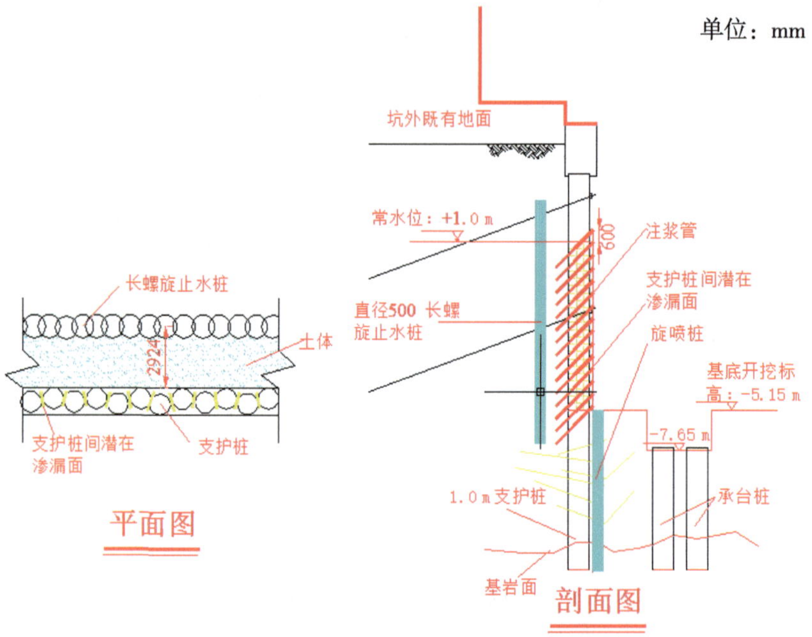

图 10　西侧一期行车坡道部分超前小导管封堵示意图

3）南北两侧（临一期、二期）

南侧（二期工程）和北侧（一期工程）已经完成下部楼体施工，三期楼体结构与一期和二期工程紧邻，支护桩为咬合桩，桩长 15 m，桩径 1 ～ 1.2 m，最小嵌岩不小于 2 m，支护桩平面排列整齐，咬合部位尺寸不小于 20 cm，施工质量较好，开挖后显示挡水止水功能较好，个别点位出现涌水后采用快硬水泥 + 小导管注浆后完成封堵。

6. 小结

本工程的桩锚支护体系，采用了高压旋喷桩、长螺旋止水桩配合，以及超前小导管注浆等止水技术；同时，基坑内、外侧采用了管井降水等措施，从而保证了基坑开挖的顺利实施。其间，所使用的材料均为常见材料，无须耗费大量的材料采购费用；同时，能够简化施工程序，节省施工时间，进而缩短工期、增加效益。

三、深基坑支护技术

1. 工艺原理

深开挖的地下室墙面（挡土墙或地下连续墙）或基坑立壁未开挖的土层钻孔或掏孔，达到一定深度后，或在扩大孔的端部形成球状或其他形状，在孔内放入钢筋、钢管或钢丝束、钢绞线或其他抗拉材料，灌入水泥浆或化学浆液，使其与土层结合成为抗拉（拔）力强的锚杆。

2. 施工关键技术及操作要点

自然地面深度为 5.5 m，开挖深度为 9 m，局部开挖深度为 12 m，基础采用桩筏复合基础。

本项目基坑平均深 9 m，采用地连墙加锚索和钢结构内撑的方式进行基坑支护，需对周边既有结构物进行调查。

基坑地下连续墙内侧与工地围墙（建筑红线）的距离非常近，北侧距离为 1.5 ~ 2.0 m，东侧距离为 1.5 m，局部距离为 3.5 ~ 5.5 m；南侧距离为 1.0 m；西侧距离为 1.5 ~ 2.0 m。

本工程东北侧有居住小区，层高 19 层；西侧 5 m 为 Havelock City 五期，于 2019 年 9 月份开发，施工时间与本工程有重叠；北侧距离基坑外侧 20 m 处有一条河；东侧市政道路 Havelock 路、南侧市政路 Mayura 路，路边均有雨水、污水排放管线和电力、煤气管线（如图 11 所示）。基坑西北角及西南角各有一座寺庙（如图 12 所示），东南角有一座高压变电站。

图 11　项目基坑周边环境图

图 12　佛寺和印度庙位置图

周边地下管线主要位于场地东侧 Havelock 路靠本项目一侧，由工地围墙向路方向分别为：煤气管线—供电线路—雨水管—上水管—信息管线，其中煤气管线、供电线路、上水管在本次施工影响范围内，距基坑边线约 5 ～ 15 m。

表 2　基坑支护施工影响范围周边环境一览表

序号	项目	离基坑距离 /m	位置描述	备注
1	地下管线（煤气、供电、雨水、上水、信息）	5 ～ 15	东侧 Havelock 路	/
2	19 层建筑	14	西北角	框架结构、桩基
3	3 层建筑（印度庙）	2	东南角	砖混结构、天然地基
4	配电室	2	西南角	砖混结构、天然地基
5	2 层建筑（佛寺）	3	东北角	砖混结构、天然地基
6	1 层建筑（清真寺）	10	西南角	砖混结构、天然地基

本工程支护总体采用钢筋混凝土地下连续墙支护，并设置两道预应力锚杆支撑体系。根据工程要求设置 22 m 的超深止水帷幕，在基坑西、南两侧靠近外围有道路和重点保护建筑。整个基坑周围采用较为可靠的 TRD 工法（等厚混凝土地下连续墙工法），完成 22 m 深、600 mm 等厚地下连续墙作为基坑止水帷幕。

基坑支护方案：确定该基坑止水帷幕及围护结构为 600 mm 等厚地下连续墙，墙深 22 m，地连墙由业主指定分包施工完毕。基坑支护为可拆除预应力锚索，锚索采用

3 × 15.2 钢绞线。锚索设计间距为 1.2 m，第一排距离冠梁 2 m，第二排距离第一排 3 m，锚索长度可根据地质条件进行变化。可拆除预应力锚索平面布置如图 13 所示。

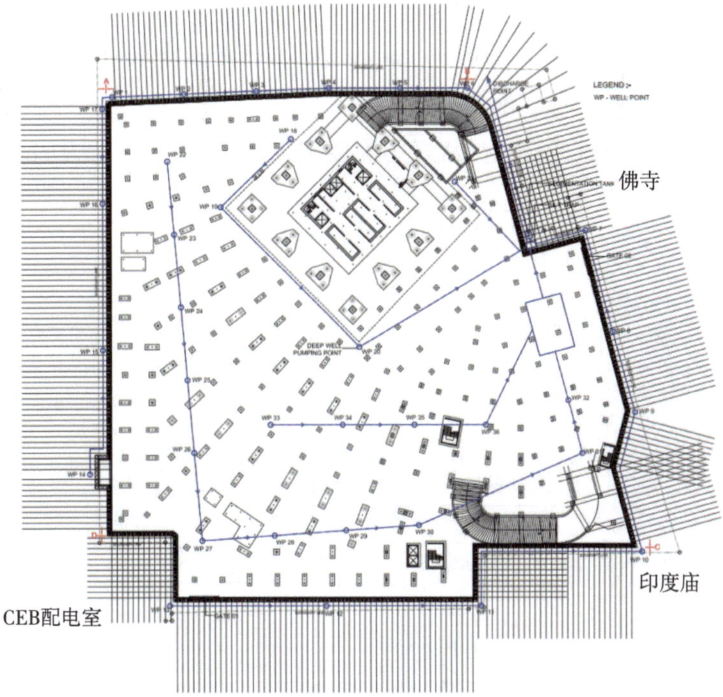

图 13　可拆除预应力锚索平面布置图

根据地质条件、周边建筑物分布以及设计承载力要求，预应力锚杆可以分为六种类型：拉力型锚杆、压力型锚杆、机械胀壳预应力锚杆、树脂预应力锚杆、水泥药卷预应力锚杆和自钻式锚杆。各剖面支护信息见表 3。

表 3　锚杆支护分类表

剖面	锚索间距 /m	锚索排数 / 排	锚索长度 /m	锁定值 /kN	备注
AB	1.2/1	3	23/27	100/120	局部三排锚索（第三排锚索间距为 1 m）
BC	1.2	2	20/25	120/120	受周围建筑影响区域入射角为 28°
CD	1.2	2	25/35	120/120	
DE	1.2	2	20/20	120/120	第一排锚索入射角为 28°，锚索间距根据印度庙基础位置确定，详见设计平面图
EF	1.2	3	20/20/25	120/120	第一排及第三排锚索入射角为 28°
FH	1.2	2	25/35	120/120	
HI	1.2	2	25/35	120/120	
IA	1.2	2	15/15	120/120	受周围建筑物影响，变为断层锚杆

1）施工工艺流程图

锚索施工之前，采用台式水钻在地连墙锚索设计标高处按照设计角度预先开孔，保证后续套管跟进钻机顺利施工。

因地下水位高，在锚索施工过程中，锚索孔堵水措施关系到锚索施工质量，要因地制宜地采取止水措施，必要时宜在现场进行止水试验。

锚索施工采用套管跟进成孔、二次压力注浆工艺，其工艺流程见图 14。

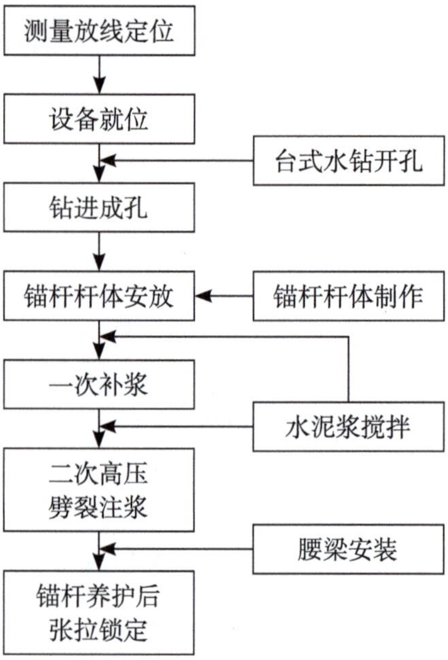

图 14　锚索施工工艺流程图

2）操作要点

（1）挖土。

挖土应根据周围土体情况和冠梁的强度及地下水位情况进行开挖，开挖的深度按照横排锚索的位置确定，一般比锚索位置低 500 mm 为宜。

（2）预应力锚杆钻孔的施工。

根据测量控制点及设计出的钻孔的位置，测设预应力锚杆钻孔的位置，并根据此位置安放钻机和调节钻杆的倾角，然后进行施钻，因钻孔底部地下水丰富和钻孔壁为粉质黏土和细砂，易产生塌孔现象，故钻孔时采用套管护壁，钻孔施工工艺流程见图 15。

锚孔设计钻孔直径为 150 mm，成孔后的钻孔直径不得小于设计值，且误差应控制在 ±5 mm 范围内。锚索倾角为 15°。锚索成孔的过程中应记录每孔的地层情况、进尺速度，以及一些特殊情况。

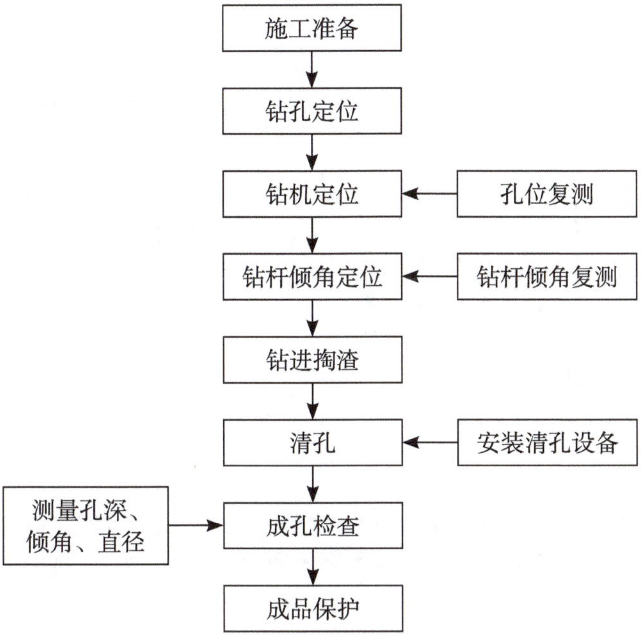

图 15　钻孔施工工艺流程

锚索成孔施工允许偏差见表 4。

表 4　锚索成孔施工允许偏差

序号	项目	允许偏差值
1	锚索孔径	± 5 mm
2	锚索孔距	± 100 mm
3	锚索成孔倾角	± 3%

（3）预应力锚索的制作和安装。

可拆除预应力锚索在工厂已经加工制作完成，由导向头、承载板、辅助承载板、辅助连接钢筋、连接头、隔离塑料管、钢绞线张拉承压板、钢绞线（包括工作钢绞线和回收钢绞线）以及锚具组成。除钢绞线张拉承压板、锚具在张拉时安装外，其余部分均在出厂时根据要求组装成品运至工地。

本产品是一种可回收的锚索，不需要使用隔离架（如图 16 所示）。

锚索安装应在钻孔验收合格后立即进行。锚索安装时，应采用人工送入孔中完成，注浆管随锚索绑在一起同时放入孔内，放置时要求操作人员均匀用力并按设计的倾角和方位角平顺推进，严禁抖动、扭转和串动，防止中途散束和卡阻。在锚索推进到预定深度后，需要检查注浆管是否畅通。

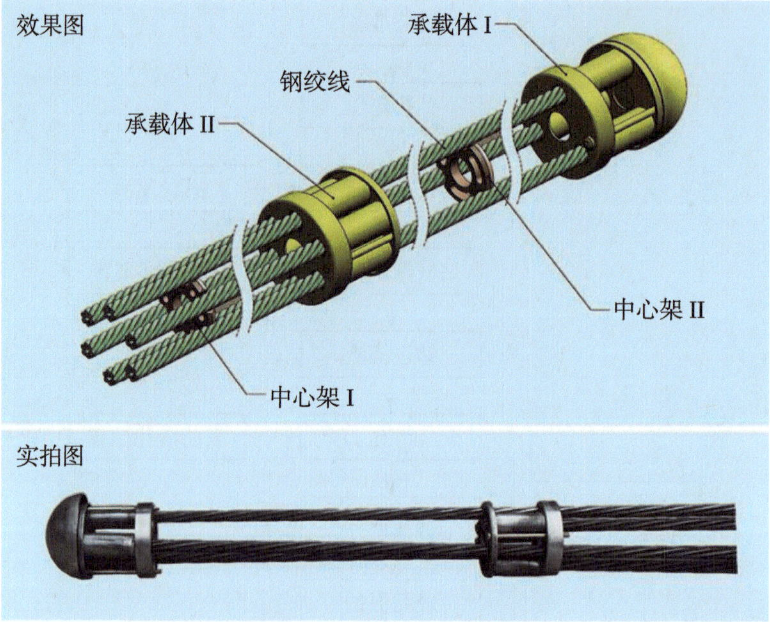

图 16　可回收锚索大样图

（4）预应力锚索孔注浆。

注浆采用埋管式注浆，即由孔底向上一次性连续注浆，注浆时压力控制在 0.6 ～ 0.8 MPa，并根据孔径、注浆机速度来确定拔管速度，以保证注浆密实度。浆体中掺加早强剂，可以提高早期强度，从而保证钢绞线的顺利张拉。注浆液要搅拌均匀，随搅随用，并要在初凝前使用。

水泥采用 P.O 42.5，水灰比为 0.5，一次注浆管插至孔底，用高压泵进行一次注浆。注浆应慢速连续，直至钻孔内的水及杂质被完全置换出孔口，孔口流出水泥浓浆为止，随即将一次注浆管拔出。一次注浆完成 24 h 后进行二次高压注浆，注浆压力保持 1 ～ 2 MPa（如图 17 所示）。

图 17　锚索施工照片

施工工艺流程见图 18。

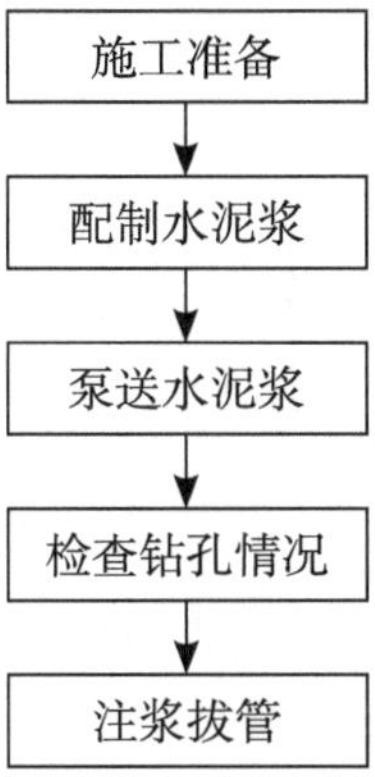

图 18　施工工艺流程图

（5）预应力锚索张拉。

当锚固体强度大于 15 MPa 并达到设计强度的 75% 时，方可对锚索进行张拉、锁定。张拉设备在锚索张拉前必须经过计量部门的标定。

锚杆张拉应平缓加载，加载速率不超过 0.1 kN/min，分别加载至 0.1 kN、1 kN、1.25 kN，然后记录锚头位移量。在张拉值下的锚杆位移和压力表压力能保持稳定，当锚头位移不稳定时，应判定此根锚杆不合格。

①张拉前应对张拉设备进行标定。

②锚头台座的承压面应平整，并与锚索轴线方向垂直。

③锚索张拉应有序进行，张拉顺序应考虑锚索的相互影响。

④张拉荷载分级及位移观测。

⑤锚具的选择满足张拉的要求。

（6）锚索孔堵水措施。

在地下水位下施工时，由于流砂问题较为突出，一次注浆浆液会被水流冲出，此时应加快施工进程，按常规施工流程完成注浆作业后尽快拔出套管，用布条或者用水泥袋包裹干水泥粉形成环带状塞入锚杆孔，同时在孔内另外放入 1 根长度约 1.0 m 的注浆管，兼顾泄水降压与后期注浆之用；然后用锚杆机振动锤敲击将填塞物挤压密实。通过锚索体附带的注浆管进行高压注浆，将水泥浆液压入锚索孔，以确保水泥浆液完全包裹钢绞线，形成较完整的锚固体。

（7）监测技术与分析。

确保工程建设安全的关键是监测基坑周边土体及原有建筑物（道路）的变化情况，及时测量各施工阶段引起的周围土体水平位移和沉降数值，并与分析计算值比较，及时反馈指导施工。主要监测内容见表 5。

表 5　监测项目汇总表

序号	检测项目	检测仪器	检测频率	检测目的
1	地连墙深层位移	测斜仪	2 次 / 天	及时了解深层位移变化
2	地表沉降	W1LD–N3 精密水准仪	2 次 / 天	掌握对地表及周围环境的影响程度和范围
3	桩顶贯梁位移	D2 经纬仪	2 次 / 天	了解施工过程中支护结构变位情况及规律
4	地下水位	电测水位计	1 次 / 天	掌握基坑需降水段地下水位情况

注：可根据施工条件和沉降情况增加或减少观测次数，随时将监测信号报告给现场技术人员。

（8）预应力锚索拆除。

预应力锚索拆除与安装顺序刚好相反，待地下主体结构施工完毕，混凝土达到设计强度，从低到顶向上逐层拆除，拆除过程中需用千斤顶去除夹片（如未去除就拔出回收索，会造成钢绞线弹出造成伤人事故），然后需用千斤顶 50 kN 左右的力把回收钢绞线（带蓝线）拉出 30 cm 后，再重复拉出其余工作钢绞线 30 cm，就可以连接卷扬机一次性拉出，如无卷扬机，亦可使用人工拉出。

（9）劳动力组织。

劳动力组织情况见表 6。

表 6　劳动力组织情况表

序号	所需人数 / 人		备注
1	管理人员	4	
2	钻孔人员	6	
3	钢绞线制作安装及张拉人员	9	
4	注浆人员	4	

3. 小结

采用可拆除预应力锚索基坑支护技术后，为保证施工过程中周围建筑物的安全稳定，并及时监测各主要工序施工阶段引起的沉降动态数值，建设单位、监理单位和施工单位需共同对周边原有建筑（道路）进行全过程监测测量。

地表沉降监测结果显示，地表的最大沉降量为 5 mm，发生在冠梁与土体交汇处。周围建筑物（道路）监测结果显示，未发生沉降现象。

采用此项工法技术，化解了业主因担忧而干扰施工的矛盾，排除了建设单位的后顾之忧，取得了政府单位的信任，得到了各方的好评；同时，为类似深基坑工程支护积累了宝贵的施工经验。

四、深基坑监测设计思路

鉴于岩土工程的复杂性及本基坑工程的重要性，以香格里拉三期深基坑施工为例，工程采用信息化施工方法，边施工边监测，及时反馈监测结果，掌握基坑边坡及周边建筑物的情况，做到心中有数，确保基坑及周边环境的安全。基坑工程施工及地下结构施工期间，需对基坑支护结构受力与变形、周边建筑物、重要道路及地下管线等保护对象进行系统的监测。通过监测，可以及时掌握基坑开挖及施工过程中支护结构的实际状态及周边环境的变化情况，做到及时预报，为基坑边坡和周边环境的安全与稳定提供监控数据，防患于未然。同时，通过监测资料与设计参数的对比，可以分析设计的正确性与合理性，科学合理地安排下一道工序。必要时，通过及时修改设计，使之更加合理，施工也更加安全。

1. 监测项目

（1）围护结构顶部水平位移、沉降；

（2）地下管线水平位移、沉降；

（3）邻近建筑物的水平位移、沉降及裂缝观测；

（4）锚杆轴力；

（5）深层水平位移；

（6）现场巡视；

（7）地下水位监测。

基坑位移监测点平面布置如图 19 所示。

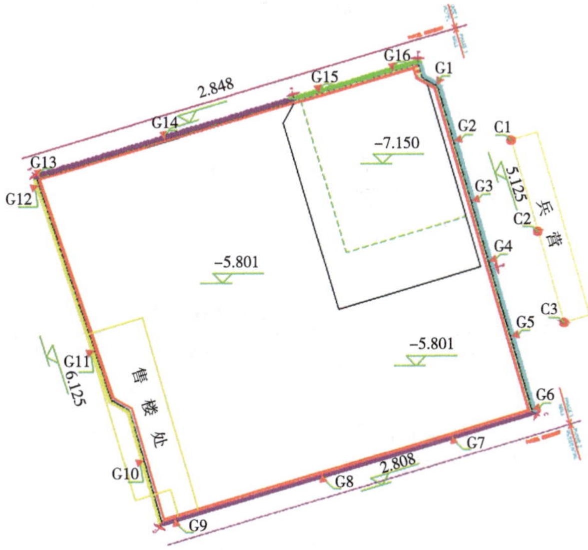

图 19　基坑位移监测点平面布置图

2. 工程监测与现场管控措施

1）监测方法

水平位移监测，测定特定方向上的水平位移，采用视准线法。当测点与基准点无法通视或距离较远时，可采用 GNSS 测量法或三角、三边、边角测量与基准线相结合的综合测量方法。

地下水位观测井采用 SH–30 钻机进行施工，并将 150 mm 粗钢管打入土中，定期进行观测。

2）监测周期（本工程为一级基坑）

（1）基坑监测周期一览表。

监测频率见表 7。

表 7 监测频率表

监测项目	基坑侧壁安全等级			监测单位	监测（巡视）频率	备注
	一级	二级	三级			
支护结构顶部水平位移	测	测	测	施工监测 第三方监测	基坑开挖至开挖完成后稳定前：1 次 / d； 基坑开挖完成稳定后至结构底板完成前：1 次 /3 d； 结构底板完成后至回填土完成前：1 次 /15 d	对于桩（墙）锚支护，当基坑开挖深度小于总深度的 1/2 时，可适当降低监测频率
基坑周边建（构）筑物、地下管线、道路沉降	测	测	可测	施工监测 第三方监测	基坑开挖至开挖完成后稳定前：1 次 /2 d； 基坑开挖完成稳定后至结构底板完成前：1 次 /3 d； 结构底板完成后至回填土完成前：1 次 /15 d	对于桩（墙）锚支护，当基坑开挖深度小于总深度的 1/2 时，可适当降低监测频率
基坑周边地面沉降	测	测	可测	施工监测 第三方监测	基坑开挖至开挖完成后稳定前：1 次 / d； 基坑开挖完成稳定后至结构底板完成前：1 次 /3 d； 结构底板完成后至回填土完成前：1 次 /15 d	对于桩（墙）锚支护，当基坑开挖深度小于总深度的 1/2 时，可适当降低监测频率
支护结构顶部竖向位移	宜测	测	测	施工监测 第三方监测	基坑开挖至开挖完成后稳定前：1 次 / d； 基坑开挖完成稳定后至结构底板完成前：1 次 /3 d； 结构底板完成后至回填土完成前：1 次 /15 d	

续表

监测项目	基坑侧壁安全等级			监测单位	监测（巡视）频率	备注
	一级	二级	三级			
支护结构深部水平位移	测	宜测	可测	施工监测 第三方监测	基坑开挖至开挖完成后稳定前：1 次 /4 d； 基坑开挖完成稳定后至结构底板完成前：1 次 /10 d； 结构底板完成后至回填土完成前：1 次 /30 d	
锚杆拉力	测	测（桩锚）		施工监测 第三方监测	基坑开挖至开挖完成后稳定前：1 次 / d； 基坑开挖完成稳定后至结构底板完成前：1 次 /3 d； 结构底板完成后至回填土完成前：1 次 /15 d	
地下水位	测	测	测	施工监测 第三方监测	基坑开挖至开挖完成后稳定前：1 次 / d； 基坑开挖完成稳定后至结构底板完成前：1 次 /3 d； 结构底板完成后至回填土完成前：1 次 /15 d	
安全巡视	测	测	测	施工巡视 第三方巡视 总包巡视	基坑开挖至开挖完成后稳定前：2 次 / d； 基坑开挖完成稳定后至结构底板完成前：1 次 / d	巡视内容满足《建筑基坑工程监测技术规范》（GB 50497—2009）的规定

（2）当出现下列情况之一时，应提高监测频率。

①监测数据达到报警值。

②监测数据变化较大或者速率加快。

③存在经勘察未发现的不良地质。

④超深、超长开挖或未及时加撑等违反设计工况的情况下施工。

⑤基坑及周边存在大量积水、长时间连续降雨、市政管道出现泄漏。

⑥基坑附近的地面荷载突然增大或超过了设计限值。

⑦支护结构出现开裂。

⑧周边地面突发较大沉降或出现严重开裂。

⑨邻近建筑突发较大沉降、不均匀沉降或出现严重开裂。

⑩基坑底部、侧壁出现管涌、渗漏或流砂等现象。

⑪基坑工程发生事故后重新组织施工。

⑫出现其他影响基坑及周边环境安全的异常情况。

3）允许变形值及报警值

监测报警值见表 8。

表 8　监测报警值

序号	监测项目	支护结构类型	基坑类别			
			一级			
			累计值		变化速率 /（mm・d^{-1}）	
			绝对值 / mm	相对基坑深度控制值		
1	围护墙（边坡）顶部水平位移	放坡、土钉墙、喷锚支护、水泥土墙	30～35	0.3%～0.4%	5～10	
		钢板桩、灌注桩、型钢水泥土墙、地下连续墙	25～30	0.2%～0.3%	2～3	
2	围护墙（边坡）顶部竖向位移	放坡、土钉墙、喷锚支护、水泥土墙	20～40	0.3%～0.4%	3～5	
		钢板桩、灌注桩、型钢水泥土墙、地下连续墙	10～20	0.1%～0.2%	2～3	
3	深层水平位移	水泥土墙	30～35	0.3%～0.4%	5～10	
		钢板桩	50～60	0.6%～0.7%	2～3	
		型钢水泥土墙	50～55	0.5%～0.6%		
		灌注桩	45～50	0.4%～0.5%		
		地下连续墙	40～50	0.4%～0.5%		
4	立柱竖向位移		25～35		2～3	
5	基坑周边地表竖向位移		25～35		2～3	
6	坑底隆起（回弹）		25～35		2～3	
7	土压力		（60%～70%）f_1			
8	孔隙水压力					
9	支撑内力		（60%～70%）f_2			
10	围护墙内力					

4）现场巡视

支护体系进行现场巡视，发现异常现象立即进行危险报警，对基坑支护结构和周边环境中的保护对象采取应急措施，必要时拍照或录像，变形强烈地段要设立连续观测点。

当地下水位变化累计达到 1 000 mm 或变化速率达到 500 mm/d 时，进行报警。

3. 监测仪器设备

监测仪器设备见表 9。

表 9　监测仪器设备

序号	名称	型号	精度	数量	状态
1	经纬仪	DT-02/ET-02	2 "	1	良好
2	水准仪	DSZ2+FS1	0.5 mm	1	良好
3	钢卷尺	5.0 m	1.0 mm	1	良好
4	钢卷尺	50.0 m	1.0 mm	1	良好

4. 监测成果

根据当时的《建筑基坑支护技术规程》（DB11/T 489—2007）及《建筑基坑工程监测技术规范》（GB 50497—2009）的相关规定，本工程监测数据处理与信息反馈有以下规定。

现场监测人员对监测数据的真实性负责，监测分析人员对监测报告的可靠性负责，监测单位对整个项目监测质量负责。监测记录和监测技术成果均有责任人签字，监测技术成果加盖成果章。

（1）现场的监测资料。

现场的监测资料应符合以下要求。

①使用正式的监测记录表格；

②监测记录有关的工况描述；

③监测数据的整理要及时；

④对监测数据变化及发展情况的分析和评述要及时。

外业观测值和记事项目在现场直接记录于观测记录表中。任何原始记录都不得涂改、伪造和转抄。

当观测数据出现异常时，需要分析原因，并在必要时进行重测。

监测项目数据分析结合其他相关项目的监测数据和自然环境条件、施工工况等情况及以往数据进行分析，并对其发展趋势做出预测。

技术成果包括当日报表、阶段性报告和总结报告。技术成果提供的内容要真实、准确、完整，并宜用文字阐述与绘制变化曲线或图形相结合的形式表达。同时，要确保技术成果按时送达。

基坑监测的观测记录、计算资料和技术成果实行组卷、归档。

（2）当日报表。

当日报表包括以下内容。

①当日的天气情况和施工现场的工况；

②仪器监测项目各监测点的本次测试值、单次变化值、变化速率以及累计值等，必要时绘制有关曲线图；

③巡视检查的记录；

④对监测项目有正常或异常、危险的判断性结论；

⑤对达到或超过监测报警值的监测点有报警标示，并有分析和建议；

⑥对巡视检查中发现的异常情况，必须详细描述，并在危险情况下设置报警标识，同时提供分析和建议。

（3）阶段性报告。

阶段性报告包括以下内容。

①该监测阶段的工程、气象及周边环境概况；

②该监测阶段的监测项目及测点的布置图；

③各项监测数据的整理、统计及监测成果的过程曲线；

④各监测项目监测值的变化分析、评价及发展预测；

⑤相关的设计和施工建议。

（4）总结报告。

总结报告包括以下内容。

①工程概况；

②监测依据；

③监测项目；

④监测点布置；

⑤监测设备和监测方法；

⑥监测频率；

⑦监测报警值；

⑧各监测项目全过程的发展变化分析及整体评述；

⑨监测工作结论与建议。

5. 小结

在基坑施工过程中，各项监测数据均在规范值范围内，基坑稳定安全。例如，某部位测斜仪监测成果见图 20。

Step m	Depth m	B cm	B Ref cm	B Diff cm	SUM B cm	SUM B Ref cm	SUM B Diff cm	AB Velocity mm/d
0.00	11.494	0.00	1.31	–1.31	23.14	22.81	0.33	0.2
0.50	10.995	1.69	1.22	0.47	21.46	21.60	–0.14	0.1
1.00	10.496	0.95	1.01	–0.06	20.51	20.59	–0.08	0.1
1.50	9.997	0.59	0.97	–0.38	19.91	19.62	0.30	0.0
2.00	9.497	0.85	1.03	–0.18	19.07	18.59	0.48	0.1
2.50	8.997	1.07	0.85	0.21	18.00	17.74	0.27	0.1
3.00	8.498	1.09	0.89	0.20	16.91	16.85	0.06	0.1
3.50	7.998	0.91	0.81	0.10	16.00	16.04	–0.04	0.1
4.00	7.498	0.82	0.74	0.08	15.19	15.30	–0.12	0.1
4.50	6.998	0.69	0.61	0.08	14.50	14.69	–0.19	0.1
5.00	6.498	0.53	0.62	–0.09	13.97	14.07	–0.10	0.0
5.50	5.998	0.75	0.71	0.03	13.22	13.35	–0.13	0.0
6.00	5.498	0.58	1.08	–0.51	12.65	12.27	0.38	0.0
6.50	4.998	1.08	1.08	–0.01	11.57	11.19	0.38	0.0
7.00	4.498	1.20	0.85	0.35	10.37	10.34	0.03	0.0
7.50	3.998	0.85	0.83	0.01	9.53	9.50	0.02	0.0
8.00	3.499	0.79	0.89	–0.11	8.74	8.61	0.13	0.1
8.50	2.999	0.94	1.03	–0.08	7.80	7.58	0.22	0.0
9.00	2.499	1.10	1.16	–0.06	6.71	6.42	0.28	0.0
9.50	1.999	1.37	1.07	0.30	5.33	5.35	–0.02	0.0
10.00	1.499	1.19	1.18	0.01	4.15	4.18	–0.03	0.0
10.50	0.999	1.23	1.38	–0.15	2.91	2.79	0.12	0.0
11.00	0.500	1.45	1.38	0.07	1.46	1.41	0.05	0.0
11.50	0.000	1.46	1.41	0.05	0.00	0.00	0.00	0.0

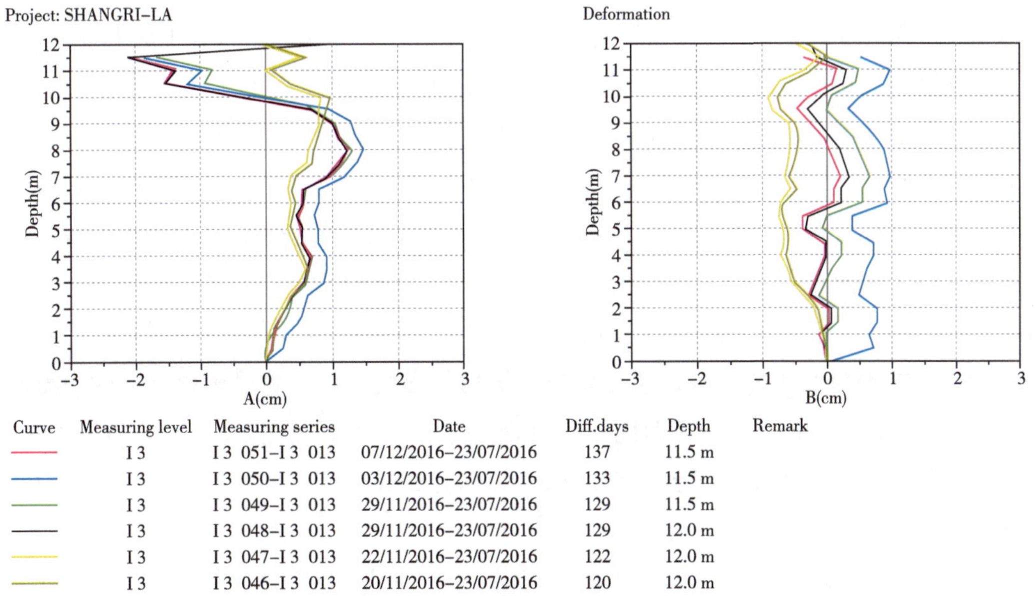

图 20　测斜仪监测成果示例

五、超厚大体积混凝土施工技术

以斯里兰卡科伦坡 Havelock City 商业发展项目为例，其工程结构形式为框架剪力墙钢混体系，基础形式为桩筏复合基础（见图 21）。塔楼基础底面标高为 –6.225 m 和 –8.325 m（相对于海平面），顶面标高为 –2.825 m 和 –4.925 m，整个基础呈 Z 形结构，长 27 m，宽 24 m，整体厚度 3.5 m，中心局部厚度 5.6 m，混凝土等级为 C40，抗渗等级 P6，浇筑总量为 3 020 m^3。该混凝土属于大体积混凝土，采用整体分层连续浇筑施工一次成型。根据设计规范，基础内外温差不得超过 27.7 ℃。

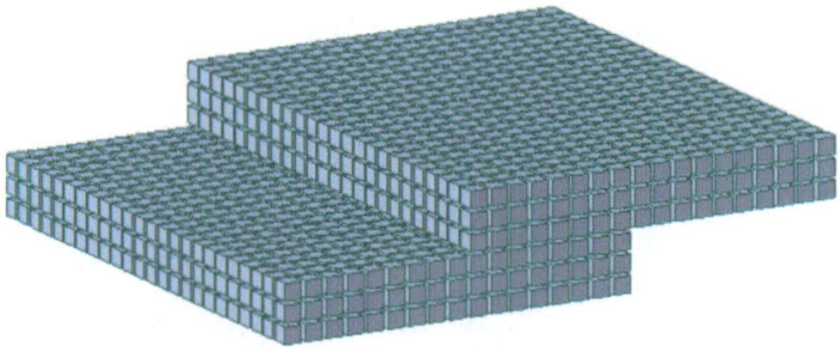

图 21 大体积筏板形状

1. 工艺原理

采用整体推移式连续浇筑的方法浇筑，由下层端部开始逐渐上移，循环推进，每层厚度为 500 mm，通过标尺杆进行控制。夜间施工时，标尺杆附近要用手把灯进行照明。为防止冷缝出现，浇筑时，要在下一层混凝土初凝之前浇捣上一层混凝土并插入下层混凝土 5 cm，保证上下层浇筑间隔不超过混凝土初凝时间，在浇筑下一层前，应对前一层进行二次振捣，以此来保持良好接槎，横向振捣界面的搭接长度至少 500 mm。振捣期间安排专人进入底板钢筋层间对各个振捣部位进行检查，并做好人员进出记录，实时监控，以确保振捣均匀。

混凝土振捣方式：混凝土振捣时，需要布置三道振捣，第一道设在混凝土的坡角，以确保下部混凝土的密实；第二道设在混凝土的坡中间；第三道设在混凝土的坡顶。使用振捣棒振捣，振捣棒插入下层混凝土中的深度不小于 50 mm，振捣棒移动的间距以 400 mm 左右为宜，振捣棒要快插慢拔，插点要均匀排列，逐点移动，顺序进行，不得遗漏，做到均匀振实，每一次振点的延续时间一般为 20 ～ 30 s，以混凝土面泛浆和不再沉落为准。横向振捣界面的振捣搭接长度至少 500 mm，以防止交界处的漏振，混凝土表面要用刮杠刮平，再拍实抹平。

混凝土泌水处理：采用潜水泵置于泌水流向位置抽排，排至环状管网；浇筑过程中若遇到下雨天气，视现场情况增加排水泵。

浮浆处理：在底板浇灌即将结束时，有可能因砂浆积聚，与泌水混合形成浮浆，需用小型污水泵将浮浆抽出，注意不抽到水泥浆，抽出的浮浆排至基坑边的排水沟。

本工程采用保温保湿养护措施，并及时覆盖保温材料。同时，要密切关注温度监测的数据，以确保大体积混凝土中心最高温度不超过 77.8 ℃，绝热升温不超过 45 ℃。根据混凝土水化温升情况，调整蓄水养护措施，始终保持混凝土的内外温差、混凝土表面与环境温差、降温速率等指标在规定范围内。

测温点根据底板厚度均匀设置，结合筏板结构特点，布置 6 个测温点。温度监测见图 22。

图 22　温度监测

2. 施工关键技术及操作要点

选择整体分层连续浇筑施工，一次浇筑成型，4 台汽车泵从 4 个角落同时向中间推进，保证无任何施工冷缝形成。混凝土浇捣遵循“斜面分层、薄层浇筑、一次到顶”的原则。塔楼大体积混凝土现场浇筑见图 23。

图 23　塔楼大体积混凝土现场浇筑

优化混凝土配合比，通过对上述承台温度监测结果分析，温度变化在规范要求范围之内，无任何质量缺陷，故大体积混凝土继续采用上述配合比，通过加冰降低混凝土入模温度，掺加粉煤灰，降低水泥水化热。水泥最终选用低热、高标号品牌。水泥水化热量大小对混凝土的温度起决定性影响，而水泥水化热量大小取决于水泥品种及其所含的矿物成分，水泥中硅酸三钙（简写 C_3S）及铝酸三钙（简写 C_3A）含量越高，发热量越大，水化速度也越快，出现水化热峰值也较早，选用的水泥应采用低温低碱水泥，所使用的水泥品种的铝酸三钙含量应少于 7%。

采用 P·O 42.5 水泥和聚羧酸高性能减水剂，配合粉煤灰的使用，可以减少混凝土配合比中总的水泥用量及混凝土水化反应时总体水化热。

采用以自然连续级配良好的粗骨料配制混凝土，如此配制的混凝土有较好的和易性，并可以减少用水量和水泥用量，以及提供较高的抗压强度。优先选用 5 ～ 20 mm 连续级配的石子，符合筛分曲线要求，减少混凝土干缩。

通过添加 I 级粉煤灰，置换 25% 水泥，可以降低水化热，从而降低混凝土内外温差抑制混凝土产生温度裂缝。

使用市政自来水，且通过试配，确定最优的水胶比为 0.36。

既要满足现场可泵性的要求，又要结合混凝土供应和浇筑能力，避免流淌面过大，覆盖不及时造成施工冷缝，本工程塌落度现场控制在（180 ± 20）mm。

3. 主要机具设备

超厚大体积混凝土施工的主要机具设备见表 10。

表 10　主要机具设备表

序号	名称		规格	数量	备注
1	混凝土输送泵		HBT80	2 台	其中 1 台备用，罐车必须保证 20 台以上
2	输送泵管		A125	100 m	根据需要配备弯管、6 m 软管
3	汽车泵		HB37A	4 台	最大理论混凝土输送量：90 ～ 138 m^3/h，实际输送量按 50 m^3/h 保守计算。（备 1 台）
4	插入式振捣棒		ZN-50	10	振捣棒电缆长度 L=6 m
5	水泵	污水泵	WQD20-25-5.5	4 台	混凝土浇筑浮浆清理、雨水抽排
		潜水泵	QX10-35/2-1.5	2 台	抽排混凝土泌水
		配套管	A40	100 m	潜水泵配管
			A80	100 m	污水泵配管
6	空压机		0.6 m^3	2 台	清理工作面
7	塔吊		TC6015A-10	2 台	调运泵管等

4. 小结

本工程大体积混凝土采用冰水搅拌，水泥的质量为 375 kg，含 25%（质量分数）粉煤灰，在满足混凝土质量的前提下，将低热水泥含量控制在最低。同时，在 5.6 m 厚区域布置两排冷凝水管降温（见图 24）。混凝土核心温度控制在 77.8 ℃以下，内外温差控制在 25 ℃以下，全程采用智能测温仪监测混凝土温度，每 5 min 自动记录一次。大体积混凝土浇筑采用 5 台汽车泵，4 用 1 备，80 辆混凝土罐车，3 个拌和站同时供应，所用配合比及原材料完全一致。当混凝土测温持续 7 天，内外温差降至 20 ℃以下时，停止监测。图 25 为全程温度监测曲线的附图。

图 24　冷凝水管布置现场照片

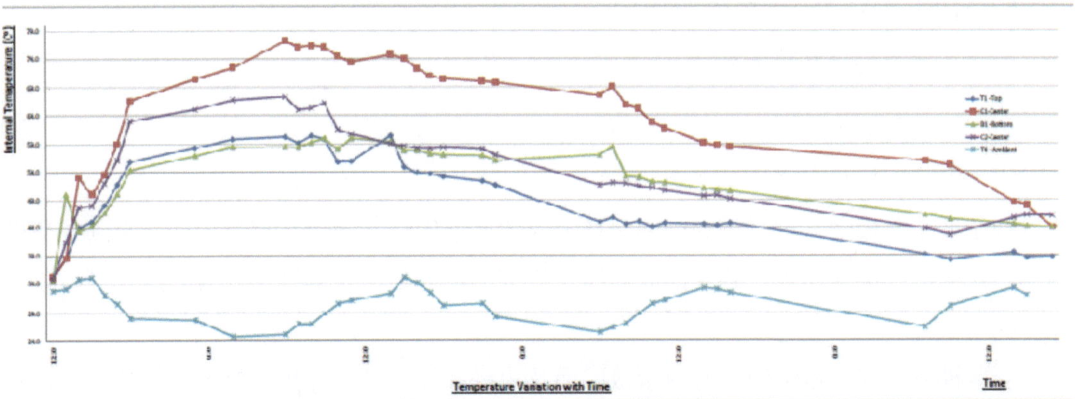

图 25　混凝土内部温度变化图

实践证明，在优化配合比设计、改善施工工艺、布置冷凝水管、提高施工质量、做好温度监测工作及加强养护等方面采取有效技术措施，坚持严谨的施工组织管理，完全可以控制大体积混凝土温度裂缝和施工裂缝的发生。

六、标准层铝合金体系模板施工技术

1. 工艺原理

铝合金模板是铝合金制作的建筑模板，简称铝模板。按模数制作设计，经专用设备挤压后制作而成，由铝面板、支架和连接件三部分所组成，具备完整配套使用的通用配件，能组合拼装成外形尺寸复杂的整体模架，是装配化、工业化施工的系统模板，解决了以往传统模板存在的缺陷，大幅提升施工效率。

铝模板体系组成部分需要依据楼层特点进行配套设计，对设计技术人员的能力要求较高。铝模板系统中约 80% 的模块可在多个项目中循环利用，其余 20% 仅能在一类标准楼层中循环应用，故而该系统适用于标准化程度较高的超高层建筑或多层楼群，超过 30 层时，取得的经济效益更好。

铝模板体系施工准备全过程如下：

建筑图纸、结构图纸的设计完成—图纸由铝模板技术人员审核、报价—协商合作内容、签订合同—技术人员设计配模图（模板拼装图）—按图纸生产—工厂预拼装—检验合格—出厂、发货—工地施工。

铝模板施工过程如下：

放墙柱位线—标高抄平—安装墙柱模板—安装梁模板—安装楼板模板—检查垂直度—检查平整度—检查销子是否正确地楔入—移交绑扎钢筋—墙柱加固—混凝土浇筑—拆模（先装的后拆）—运至下一层施工。

2. 施工关键技术及操作要点

1）墙、柱模板安装

（1）安装模板。

初始安装模板时，可以将 50 mm × 18 mm 的木条用钉子固定在混凝土面上直到外角模内侧。这样可以保证模板安装对准放样线。所有模板都是从角部开始安装，这样可使模板保持侧向稳定。

安装模板之前，需保证所有模板接触面及边缘部位已进行清理和涂油。当角部稳定和内角模按照放样线定位后继续安装整面墙模。为了拆除方便，墙模与内角模连接时销子的头部应尽可能地在内角模内部。

封闭模板之前，需在墙模连接件上预先外套 PVC 管，同时保证套管与墙两边模板面接触位置要准确，以便浇注混凝土后能收回对拉螺丝。当外墙出现偏差时，必须尽快调整至正确位置，只需将外墙模在一个平面内轻微倾斜，如果有两个方向发生垂直偏差，则要调整两层以上，一层调整一个方向；不要尝试通过单边提升来调整模板的对齐。铝模板现场拼装见图 26。

图 26　铝模板现场拼装图

（2）墙柱模板的安装。

安装墙柱模板有两种方法，即“双模”安装和“单模”安装。外围墙体和大面积区域通常采用双模法安装，而中间墙等小面积区域则采用单模法安装。

①“双模”安装——成对的模板先用对拉螺丝和销子连接，后一组模板用销子、楔子与前一组相连。其优点如下：第一，没有重复性工作；第二，两个装配工可以始终在墙模板两边交流，避免盲目操作。

②“单模”安装——较之双模安装，其优点如下：第一，单边模板闭合成方形空间，有错误时调整单面模板比调整双面模板要方便；第二，若钢筋挡住对拉螺丝，因为可以看见，所以易于修正，不耽误模板安装；第三，当模板封闭时，能够第一时间开展楼板模板的安装作业。

要特别注意电梯井处，因为其四周的模板必须正确地安装在下层的平模外围护板上，保证平模外围护板处于水平状态，以避免影响电梯井的垂直度。然而，对面与其配合的模板所在混凝土可能不平整，若局部混凝土超高，会影响电梯井四边校准，因此需铲除超出允许水平范围的混凝土。同时，要确保钢筋不因过量使用或疏忽操作脱模剂而受污染。墙的端部和门洞开口处模板应使用木条定位在混凝土板上，墙模板需要用穿线保持直线，且用木板定位在混凝土模板以挤紧模板底部；进行上述操作时，需用铅垂检查门洞开口部的垂直度，条件允许时，在门洞处安装定位工具。

2）梁模板安装

安装墙顶边模和梁角模之前，在构件与混凝土接触面处涂脱模剂。

墙顶边模和边角模与墙模板连接时，应从上部插入销子以防止浇筑期间销子脱落。安装完墙顶边模后，即可在角部开始安装边模，必须保证接触边已涂脱模剂。

在大多数情况下，板梁用于支撑板模。可预先按板模布置图组装板支撑梁。用 132 mm 的销子和 350 mm 的梁模连接件将板梁组合件中的连接销（dowel pin, DP）同相邻的两个板支撑梁连接起来。把支撑杆朝横梁方向安装在预先安装好的横梁组件上，在拆除支撑杆时可保护横梁组件底部。用支撑杆将横梁提升到适当位置。通过已在角部安装好的板模端部，用销子将梁和板模连接，同时保证安装之前板支撑梁边框已涂脱模剂。

每排第一块模板已与墙顶边模和支撑梁连接；第二块模板只需与第一块模板相连（通常两套销子就已足够）。

第二块模板不与横梁相连是为了放置同一排的第三块模板时有足够的调整范围，把第三块模板和第二块模板连接上后，把第二块模板固定在横梁上。用同样的方法放置这一排剩下的模板。

施工时可以同时安装许多排，铺设钢筋之前在顶板模面上完成涂油工作。顶板安装完成以后，应检查全部模板面的标高，如果需要调整则可在支撑杆底部加垫块调整水平度。

3）楼梯模板

楼梯模板通常比较复杂，如果施工时不注意，可能会对后期装修工程产生较大影响。因此，建议采用定型模板。施工前根据楼梯几何尺寸进行提前加工放样，先安装休息平台梁模板，再安装楼梯模板斜楞，最后铺设楼梯底模。安装外帮侧模和踏步模板时，踏步模板用木板做成倒三角形，局部实测实量。安装模板时，需要特别注意斜向支柱（斜撑）的固定，以确保浇筑混凝土时模板不会移动。支架采用 $\phi48$ 钢管制成。楼梯支模见图 27。

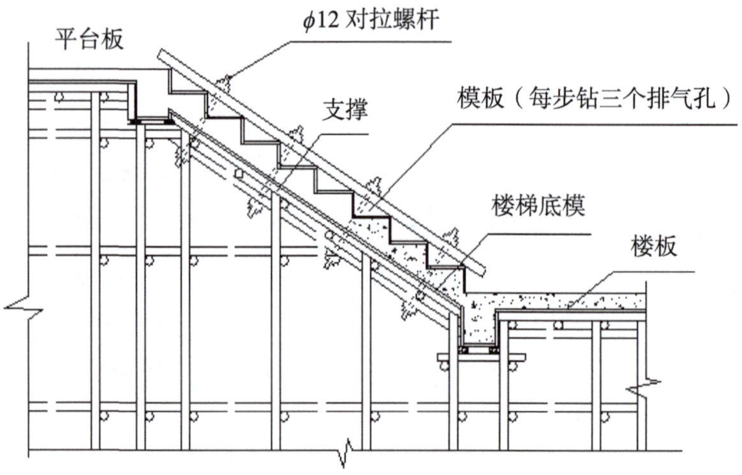

图 27　楼梯支模图

3. 主要机具设备

（1）主要材料。

序号	材料名称	单位	数量	备注
1	铝合金模板	m^2	4 000	
2	可调支顶	根	2 000	
3	销钉销片	套	30 000	
4	螺杆	根	2 000	
5	拉片	套	8 000	

（2）主要设备。

序号	名称	规格	数量
1	激光投线仪		2 台
2	交流电焊机	BX400	1 台
3	钢卷尺	5 m	10 把

4. 小结

实践证明，铝合金模板具有很好的使用性能，经济实惠，便于操作，不仅节约了施工费用，提高了工作效率，而且在节能环保、改善文明施工的同时，加快了施工进度，保证了工程施工质量，给企业带来了良好的经济效益和社会效益。在未来建筑施工发展进程中，铝合金模板有望成为主流模板形式之一。因此，需在建筑工程中广泛推广铝合金模板，以此加深对其体系的全面认识，进一步推动该体系的深入应用。

七、大跨度后张法有黏结预应力施工技术

1. 工艺原理

斯里兰卡 Havelock City 项目为创造大空间，增加结构跨度，减少结构自重，从而在塔楼 L4—L49 层（不含转换层）设计后张法预应力结构，以此满足大跨度，以及增加层间净高的要求。其工作原理是通过张拉预应力筋，在混凝土构件中产生预压应力，张拉完后灌浆，使预应力筋与混凝土可靠黏结，充分发挥材料强度并使所建立的预压应力有更好的保障。

2. 施工关键技术及操作要点

1）施工安排

施工准备：人员进场，塔吊、甲供材料及流水段确认。安全教育及技术交底。构配件进场。

施工配合：本项目中存在的难点是预应力分包与土建分包的协调配合。需要在土建分包铺设完梁、板下部筋和腰筋之后，再由预应力分包铺设波纹管、锚具等预应力专业材料。因此，调整施工工序，并积极协调成为项目节省工期的重点工作。

施工顺序：项目部将塔楼划分为两个流水段。

（1）由土建分包模板工人率先进行 1 号流水段的架子和模板的搭设。

（2）1 号流水段的架子和模板搭设完毕后，撤下来的工人开始进行 2 号流水段的架子和模板的搭设。

（3）由土建分包钢筋工人进行 1 号流水段的梁底及板底钢筋铺设。

（4）梁底及板底钢筋、腰筋铺设完毕后，通知预应力分包。

（5）撤下来的钢筋工到 2 号流水段继续梁板钢筋的铺设。

（6）预应力分包铺设波纹管、锚具等专业材料。

（7）预应力分包调整相关材料位置高度，调整完毕后通知土建分包。

（8）撤下来的预应力工人到 2 号流水段进行预应力材料铺设。

（9）土建分包完成 1 号流水段的梁板上部筋的铺设。

（10）土建分包完成上部筋的铺设后，通知项目部 QA/QC 部进行验收浇筑前的内检工作。

（11）内检调整相关质量问题，调整完成后由 QA/QC 部提交 RICF 等待业主验收。

（12）验收通过，即可浇筑。

（13）土建分包混凝土养护。

（14）混凝土强度达到要求后，预应力分包对钢绞线进行张拉，达到张拉要求后，注浆、切断预留钢绞线后封锚。

（15）土建分包拆除模板，转运材料至下一流水段。

如此两个流水段循环施工可提高分包工效，减少窝工现象的发生。

2）施工要点

（1）预应力筋下料、装配及运输。

预应力筋的下料长度应考虑设计曲线长度、张拉端外伸预留长度、弹性回缩值、张拉设备、钢材品种和施工方法等因素，对采用夹片式锚具与穿心式千斤顶进行张拉的构件上的钢绞线，其下料长度 L 按下式计算。

①一端张拉时 $L=L_0+L_1+L_2+L_3+L_4$；

②两端张拉时 $L=L_0+2\times(L_1+L_2+L_3)$。

式中：L_0——构件的孔道长度；

L_1——张拉端锚垫板厚度；

L_2——夹片式工作锚具厚度；

L_3——张拉端外露预留长度；

L_4——锚固端长度。

本项目的张拉方式为一端张拉。

预应力筋下料应在平整场地以直线方式定出下料长度，并在下料场地两端设置固定标志，每端由专人负责；切断前应将预应力筋拉直；用砂轮切割机切断，不得用电弧切割。在预应力筋下料的同时，应制作装配固定端。当固定端采用P型挤压锚时，应采用专用设备对挤压套与锚垫板进行二次挤压，以确保挤压套紧固在锚垫板上。对所下的预应力筋做好分区及类型编号，必要时在其两端做出不同颜色的标志并标明长度，以便布束张拉时识别，再用放线盘分别盘成直径约为2.0 m的圆盘。

预应力筋运至施工现场后要分区、分类堆放；露天堆放时，需覆盖防雨布，并用垫木垫起，不与地面接触，防止锈蚀、死弯；在堆放期间严禁碰撞踩压。

（2）预留管道埋设。

绑扎构件的普通钢筋时，可同时进行预应力筋管道埋设。当采用金属波纹管时，可以将金属波纹管按照设计的曲线定位在非预应力钢筋笼中。具体的做法是根据矢高沿构件方向每隔约0.8 m设置相应的马凳钢筋（根据具体工程情况，马凳钢筋间隔可适当调整，保证设计曲线为宜），马凳钢筋宜采用$\phi10$～$\phi12$钢筋，在马凳处用铁丝把波纹管与马凳钢筋绑紧，使波纹管按设计要求形成曲线。金属波纹管连接采用比主管大一号的金属波纹管作为连接管，连接管长约200～300 mm。在连接管的两端缠上塑料胶带以防漏浆，预埋管道要求曲线流畅，水平顺直。

框架梁中预留孔道在竖直方向的净间距不应小于孔道外径；水平方向的净间距不应小于1.5倍孔道外径；从孔壁算起的混凝土保护层厚度，梁底不宜小于50 mm，梁侧不宜小于40 mm。波纹管铺设如图28所示。

图28　波纹管铺设

（3）预应力筋穿束。

根据工程具体情况，可采用逐根穿束或集束穿束方式。逐根穿束是将预埋管道内的预应力筋逐根穿入；集束穿束是将管道内所需的预应力筋先绑扎成束后一次性穿入预埋管道内。集束穿束前宜将预应力筋的端部用胶布包扎，以减小摩擦力并防止穿破波纹管。

如果人工穿束确实有困难，可以采用牵引机来协助穿束。钢绞线穿束如图 29 所示。

图 29　钢绞线穿束

（4）端部预埋安装。

①固定端端部预埋安装。

当固定端采用 P 型挤压锚时，必须在保证固定端锚垫板、挤压套筒不外露的前提下，按照设计要求的高度固定好预埋件并焊好网片筋或螺旋筋；当采用 H 型压花锚时也必须保证其不外露，并按照设计要求固定好压花端位置。电焊时应注意避免焊条碰到裸露的预应力束。

②张拉端端部预埋安装。

张拉端有外凸和内凹两种形式。张拉端端部预埋位置应符合设计要求，同时预应力筋应与锚垫板保持垂直。采用外凸式张拉端构造时，将锚垫板紧靠构件端部固定；采用内凹式张拉端构造时，将锚垫板固定在离端部约 90 mm 处，调整锚垫板周围的钢筋以保证张拉时千斤顶有足够的张拉空间，然后在承压板外安装穴模，按设计要求焊接好网片筋或螺旋筋。采用分段搭接张拉时，张拉端端部的预埋安装在锚垫板等预埋件满足设计要求的情况下，预应力筋与锚垫板应保持垂直，保证张拉千斤顶有足够的张拉空间及张拉完后锚具不露出构件表面。

（5）灌浆管埋设。

有黏结预应力施工中，灌浆孔与排气孔（泌水孔）可通用。在预应力筋铺设完成后进行灌浆管埋设，一般情况下，在预埋孔道曲线的高点处埋设灌浆管，如果是竖向构件，则应从孔道底部开始沿高度方向分段埋设。灌浆管间距一般不宜大于 12 m，在一些较大跨度的构件中，可适当放宽，但管距应能保证灌浆顺畅。灌浆管的压板与金属波纹管应连接牢固，并用塑料胶带缠紧密封以防漏浆。灌浆管在高出构件混凝土表面 200 ～ 300 mm 处弯折。为防止灌浆管在浇捣混凝土时脱落，可在灌浆管中插入钢筋，将灌浆管与构件的面筋绑紧，同时避免将灌浆管留在构件模板内。

（6）混凝土浇捣。

为确保工程质量，混凝土浇捣前，应由建设单位会同监理单位、施工单位及设计单位等对预应力工程进行隐蔽工程验收，主要内容包括：

①原材料是否验收合格；

②黏结预应力筋的数量、规格、控制尺寸是否符合图纸的要求；

③波纹管是否有破损，接头是否牢固可靠；

④灌浆管及端部的预埋处理是否恰当。

验收合格后，方可浇筑混凝土。

混凝土浇筑时，应避免踏压撞碰波纹管、预应力筋、马凳、灌浆管及端部预埋件。

由于本项目一部分预应力梁处于高支模施工区域，所以在施工过程中应注意分层浇筑，避免危险事件发生。

混凝土浇捣完毕后，构件侧模宜在预应力张拉前拆除，底模支撑拆除应符合设计要求。当设计无具体要求时，张拉前不可拆除底模。

侧模拆除后，若发现张拉端或固定端端部混凝土有外观质量缺陷，应在张拉前进行处理，待处理后的混凝土达到要求的强度后方可进行张拉。

（7）预应力筋张拉。

混凝土强度达到设计要求后，才能进行张拉。当设计文件没有具体要求时，混凝土强度不应低于设计强度值的 75%。张拉控制应力应符合设计文件的要求，且不应大于钢绞线强度标准值的 75%。

预应力构件的张拉顺序，应根据结构受力特点、施工方便、操作安全等因素确定，一般分楼层、分部位、分段张拉。各楼层部位应遵循对称、均匀的原则。

预应力筋的张拉方法应根据设计和施工计算要求，采取一端张拉或两端张拉。采用两端张拉时，宜两端同时张拉，也可一端先张拉，另一端补张拉。预应力张拉如图 30 所示。

图 30 预应力张拉

同一束预应力筋，应采用相应吨位的千斤顶整束张拉，直线形或扁管内平行排放的预应力筋，当各根预应力筋不受叠压时可采用小型千斤顶逐根张拉。

特殊预应力构件或预应力筋，应根据要求采取专门的张拉工艺，如分段张拉、分批张拉、分级张拉、分期张拉、变角张拉等。

张拉工艺如下：

工作锚具安装—千斤顶安装—千斤顶进油张拉—伸长值校核—持荷顶压—卸荷锚固—记录。

预应力张拉施工中，质量控制以应力控制为主，测量张拉伸长值作校核。

预应力筋张拉理论计算伸长值：$\Delta L=\dfrac{N_P L_T}{A_P E_s}$。

式中：N_P——预应力筋的平均张拉力，取张拉端拉力扣除孔道摩擦损失后的拉力平均值；

L_T——预应力筋的实际长度；

A_P——预应力筋的截面面积；

E_s——预应力筋的实测弹性模量。

由多段弯曲线段组成的曲线束，应分段计算，然后叠加，结果较准确。

预应力筋张拉伸长值的量测，在建立预应力张拉后进行，其实际伸长值：

$$\Delta L=\Delta L_1+\Delta L_2+\Delta L_C$$

式中：ΔL_1——从初应力至最大张拉力之间实测伸长值；

ΔL_2——初应力以下的推算值，可根据弹性范围内张拉力与伸长值成正比的关系推算确定；

ΔL_C——施加预应力时，后张法预应力构件的弹性压缩值和固定端锚具楔紧引起的预应力筋内缩值，初应力宜为（0.10～0.15）σ_{con}。

张拉预应力筋的理论伸长值与实际伸长值的允许偏差值应控制在 ±6% 以内，如超出范围，应查明原因并采取措施予以调整，方可继续张拉。

（8）后张有黏结预应力孔道灌浆。

①灌浆前先打通灌浆孔，用清水清洗孔道，直到张拉端部出水较大，各处均畅通时，方可安排灌浆。

②灌浆用水泥浆的水泥宜用不低于 42.5 等级的普通硅酸盐水泥，水泥浆水灰比不应大于 0.45，拌制后 3 h 泌水率不宜大于 2%，24 h 后泌水应全部被浆体吸收，且总泌水率不应大于 3%。

③水泥浆宜掺入外加剂，外加剂应不含氯盐且对预应力筋无腐蚀作用。本项目使用的外加剂与水泥的配比为 0.04（即每 1 kg 水泥需要 40 g 添加剂），水泥浆要严格按配合比配料，搅拌时间应保证水泥浆混合均匀，一般需 3～5 min。灌浆过程中，水泥浆搅拌应不间断，水泥浆用筛网过滤，以免灌浆时堵塞管道。

④灌浆时将灌浆机出浆口与灌浆管相接，并确认连接处紧密后，开动灌浆泵加压灌入水泥浆，从近至远逐个检查出浆孔。各出浆孔出浓浆后逐一封闭，待最后一个出浆孔出浓浆后，封闭该出浆孔，继续加压至 0.5～0.7 MPa，保持 1～2 min，封闭进浆阀门，待水泥浆凝固后，再拆卸连接接头，并及时清理现场浮浆及杂物，如发现管内有空隙应仔细补浆。

⑤在无具体设计要求时，构件的底模支撑应在预应力筋张拉及灌浆浆体强度达到 15 MPa 后拆除。灌浆机灌浆过程如图 31 所示。

图 31　灌浆机灌浆

（9）预应力端部封锚。

张拉、灌浆后，用砂轮切割机切掉张拉端多余的预应力筋，预应力筋的外露长度不宜小于其直径的 1.5 倍，且不宜小于 30 mm，用环氧树脂涂封锚具及外露预应力筋，封闭前应将锚具周围的混凝土凿毛、冲洗干净，凸出式的锚头宜配置钢筋网片，用微膨胀细石混凝土进行封闭。张拉后切割多余钢绞线如图 32 所示。

图 32　张拉后切割多余钢绞线

3. 主要机具设备

1）预应力锚固体系

现浇后张预应力端部锚具分为张拉端锚具和固定端锚具。张拉端锚具包括圆形锚具、扁形锚具，而固定端锚具通常使用的有 H 型压花锚和 P 型挤压锚。此外，还可以根据需要采用预应力筋连接器。

（1）张拉端锚具由夹片、锚板、锚垫板及螺旋筋四部分组成，如图 33 所示。

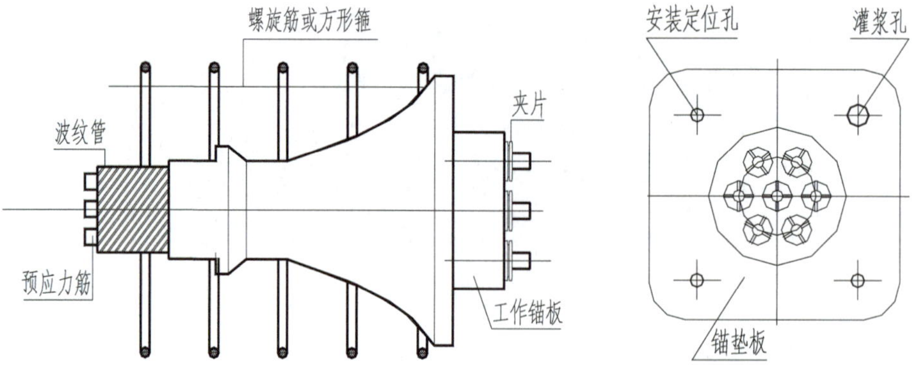

（a）圆形张拉端锚具

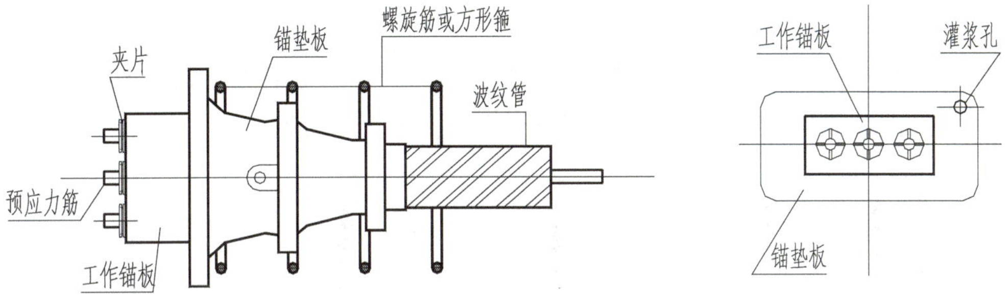

（b）扁形张拉端锚具

图 33　张拉端锚具

（2）固定端 H 型压花锚具，包括梨形自锚头的一段钢绞线、与连接锚头的钢筋支架、螺旋筋、端部封堵的干硬性水泥浆体等，如图 34（a）所示。

（3）固定端 P 型挤压锚具，包括螺旋筋、钢绞线、端部封堵的干硬性水泥浆体等，如图 34（b）所示。

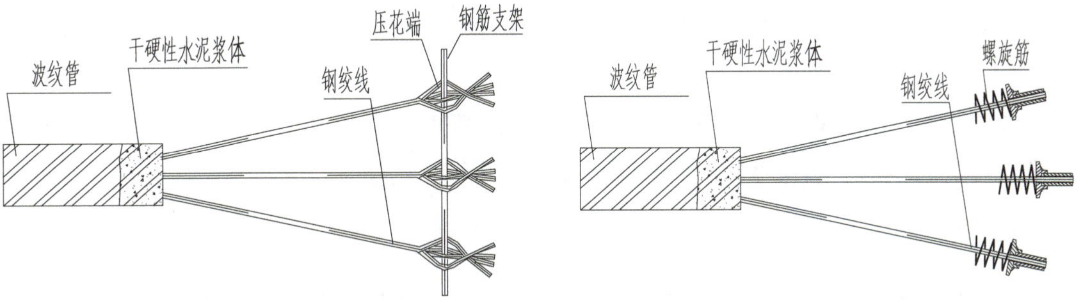

（a）固定端 H 型压花锚具　　（b）固定端 P 型挤压锚具

图 34　挤压锚具

（4）连接器，包括锚垫板、螺旋筋或方形箍、约束圈等，如图 35 所示。

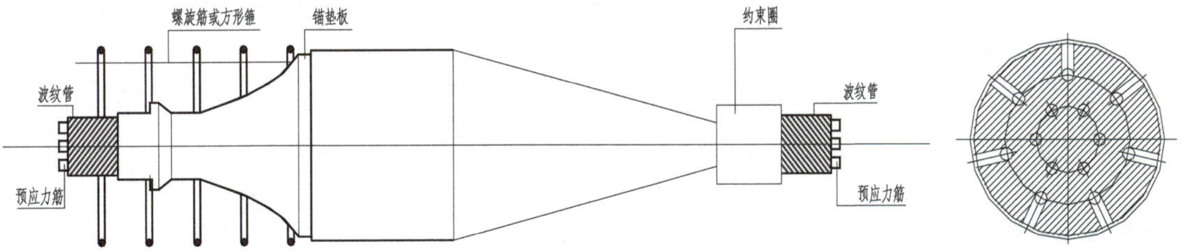

图 35　连接器

2）孔道成型材料

常用的孔道成型材料是金属波纹管。根据设计要求，当施工中需采用钢管或塑料波纹管作为孔道成型材料时，钢管或塑料波纹管的质量应符合相应标准的规定。

3）灌浆材料

灌浆用水泥应采用普通硅酸盐水泥，其强度等级不宜低于 42.5。水泥中宜掺入高性能外加剂，严禁掺入各种含氯盐或对预应力筋有腐蚀作用的外加剂。

4）机具设备

（1）下料机具。

波纹管和钢绞线的下料均宜采用砂轮切割机，而不宜采用电弧切割机。

（2）张拉设备。

张拉设备由穿心式液压千斤顶、高压电动油泵、压力表等组成。当预应力筋预留长度较短时，宜使用前卡式千斤顶。

张拉采用千斤顶时，吨位的大小应根据设计要求选择。

（3）压花机。

用以配套高压电动油泵制作 H 型压花锚固定端。

（4）挤压机。

用以配套高压电动油泵制作 P 型挤压锚固定端。

（5）灌浆设备。

灌浆设备主要包括高压灌浆泵和灰浆搅拌机。灌浆泵必须能满足连续工作条件，并根据灌浆高度、距离、形态等选用，灌浆泵应配备计量校验合格的压力表。

4. 小结

（1）有黏结预应力技术的应用使建筑实现大跨度、大柱网的结构形式，增加建筑平面使用的灵活性和使用面积，改善建筑物的使用功能。

（2）有黏结预应力技术的应用能有效减小混凝土构件的截面尺寸，减小层高，降低能耗，减轻建筑物重量，节省工程造价。原设计中标准层钢筋设计量大约为 140 t，中交三公局积极与设计沟通，主张采用预应力技术对标准层进行优化，优化后每层可节约钢筋 20 t，每层自重减轻 10 t（预应力所需材料重量约为 10 t）。

（3）楼板中采用有黏结预应力技术比采用无黏结预应力技术有更良好的结构性能，可节约预应力筋、普通钢筋及约占预应力造价 5% ～ 10% 的锚具和承压板，取得更好的经济效益。

（4）与普通钢筋混凝土结构相比，因减少模板、钢筋和混凝土的用量，且有黏结预应力的埋管、穿筋可与普通钢筋铺设同时进行，张拉、灌浆不占主工期，采用有黏结预应力技术不会增加施工工期。

（5）与以往类似工程香格里拉三期项目相比较，采用预应力技术同样减少了人工的使用，更大程度上节约的人力成本见表 11。

表 11　效益对比表

项目	（塔楼）楼层面积 / m^2	（塔楼）最大跨度 / m	混凝土 / m^3	钢筋 / t	楼层自重 / t	需工人数 / 人
香格里拉三期	1 728	9.6	875	147	2 247	80
哈佛洛克城	1 600	13.2	706	121	1 825	67

八、超高层建筑混凝土泵送施工工艺

1. 工艺原理

超高泵送混凝土在泵压力推动下输送要满足一定条件：在压力作用下，其内部一部分水与水泥浆混合物在管内壁移动形成润滑层。混凝土在运动中的剪切应力大于润滑层的剪切应力才能运动，但又必须小于混凝土芯柱的剪切应力。这样，混凝土拌和物方可在同一断面上形成各质点等速的“柱塞”流。这就要求配制的混凝土要有一定的压力泌水形成润滑层和有一定的内聚性，以“握裹”粗细骨料建立等速的“柱塞”流。为此，要求有合适的骨料级配、水泥用量及适宜的外加剂、外掺料来改善混凝土的保水性、泌水性、稳定性和黏聚性，以达到泵送混凝土的工作性能要求。

2. 施工关键技术及操作要点

1）超高泵送混凝土工艺流程

超高泵送混凝土工艺流程见图 36。

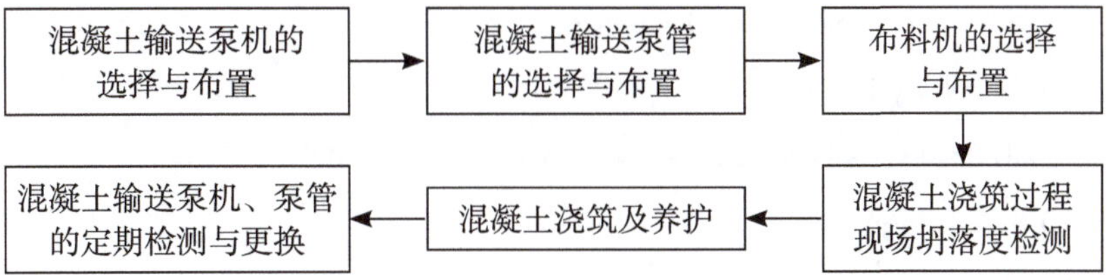

图 36　工艺流程图

2）泵送混凝土计算书（地上部分）

本工程的混凝土输送初步采用固定式混凝土输送泵 HBT8018C-5D。该泵的最大泵送压力为 18 MPa，最大输出量为 85 m^3/h，泵管内径为 ϕ125 mm。

（1）混凝土泵的实际平均输出量。

$$Q_1=Q_{max}\alpha_1\mu$$

其中：Q_1——每台混凝土泵的实际平均输出量；

Q_{max}——每台混凝土泵的最大输出量；

α_1——配管条件系数，取 0.8；

μ——作业效率，三一重工品牌取 0.6。

所以：$Q_1=Q_{max}\alpha_1\mu$

$=85\times0.8\times0.6$

$=40.8$（m^3/h）

（2）最大水平输送距离。

$$L_{max}=P_{max}/\Delta P_H$$

其中：L_{max}——混凝土泵的最大水平输送距离（m）；

P_{max}——混凝土泵的最大出口压力（Pa）；

ΔP_H——混凝土在水平输送管内流动时产生的压力损失（Pa/m）；

$\Delta P_H=(2/r_0)[K_1+K_2(1+t_2/t_1)V_2]\alpha_2$

r_0——混凝土输送管半径（m）；

K_1——黏着系数（Pa）；

K_2——速度系数［Pa/（m/s）］；

S_1——混凝土塌落度（mm），取 180；

t_2/t_1——取 0.3；

V_2——混凝土拌合物在输送管内的平均流速（m/s）；

a_2——径向压力与轴向压力之比，取 0.9；

$K_1=(3.00-0.01S_1)\times10^2=120$；

$K_2=(4.00-0.01S_1)\times10^2=220$；

$V_2=40.8/\pi r^2=3\,287$ m/h=0.913（m/s）；

所以：$\Delta P_H=2/r_0[K_1+K_2(1+t_2/t_1)V_2]a_2$

$=(2/0.062\,5)\times[120+220\times(1+0.3)\times0.913]\times0.9$

$=10\,976$（Pa/m）

$L_{max}=P_{max}/\Delta P_H$

$=16\times106/10\,976$

$=1\,457$（m）

（3）混凝土输送管的水平换算长度。

取最大高度布料杆 +18 m=203.5−6.5+18=215 m，取 215 m 计算。泵管换算见表 12。

表 12　泵管换算表

类别	单位	长度	数量（最高）系数	水平换算长度 /m
向上垂直管	m	215	4	860
弯管	根	8	12	96
软管	根	1	20	20
水平管	m	50	1	50
变径	m	2	16	32
总计				1 058

混凝土输送管的水平换算长度为 1 058 m（见表 12），最大水平输送距离为 1 457 m，所以 1 058 m 小于 1 457 m。因此本工程选用 HBT8018C-5D 型混凝土输送泵，完全符合施工需要。

3）地泵的平面布置

根据施工现场的实际情况，塔楼施工时，通常会布置 HBT8018C-5D 型混凝土输送泵（如图 37 所示），并将其安装在地下室顶板上。根据高层泵送技术的要求，水平管与竖向管道长度之比应在 1∶3～1∶4 之间。为尽可能满足高层泵送技术要求，混凝土输送泵设计布置在塔楼南侧，紧贴塔楼。在泵车出口处和垂直处设切换管道，水平管道沿首层布置，竖向管道则由每层板预留洞口、向上沿柱布置。塔楼施工划分为两个施工段，安排交叉施工，并在塔楼布置一台布料机。

图 37　混凝土输送泵

本工程采用“四套特高压管 + 普通高压管”的输送管路方式浇筑混凝土。

塔楼混凝土浇筑原则上采用布料机直接进行浇注。对于一些“死区”可在末端软管加装一节软管，采用斜拉的方式浇筑。而对于因高度过高（或距离过远、受障碍物阻挡等具体原因），布料机无法触及的局部区域，采用塔吊吊运装有混凝土的料斗，通过人工辅助卸料的方式进行补充浇筑。

4）地泵的安装要求

（1）地泵场地的交通。

地泵的布置间距必须合理，以便满足混凝土搅拌车的交通需要，减少泵送时间间隔。地泵近距离应满足不小于 10 m 的要求。

（2）地泵的配套设施。

地泵场地需配套污水处理及回收系统、砂浆拌制设备等。每台地泵在浇筑混凝土前需要使用 1 ～ 1.5 m^3 的砂浆对管道进行润滑，以防止直接泵送混凝土时，混凝土失水而导致堵塞管道。在混凝土浇筑完毕后，为保证地泵水洗的顺利进行，同样需要 1 ～ 1.5 m^3 的砂浆作为清水和混凝土间的隔离层。水泥砂子的配比为 1 ∶ 1。

（3）地泵的固定。

地泵在泵送过程中会产生强烈的震动，并需要抵抗输送管内混凝土的巨大反压力。为了应对这种情况，将地泵支腿焊接在一块预埋在安装部位混凝土梁内的钢板上。

（4）截止阀的设置。

垂直管路下部设置有一套截止阀。

5）超高泵送混凝土输送泵管的选择与布置

（1）水平管道的布置。

水平管下面浇筑 C20 素混凝土基础梁，±0.000 处的水平管下面浇筑 C20 素混凝土基础梁，高度为 250 mm，第一段水平管基础梁宽度为 900 mm，除第一段水平管基础梁外其余宽度均为 300 mm，±0.000 处的水平管基础梁上每隔 2 m 预埋钢板（240 mm × 240 mm × 10 mm）一块，以方便卡箍固定。泵管水平布置如图 38 所示。

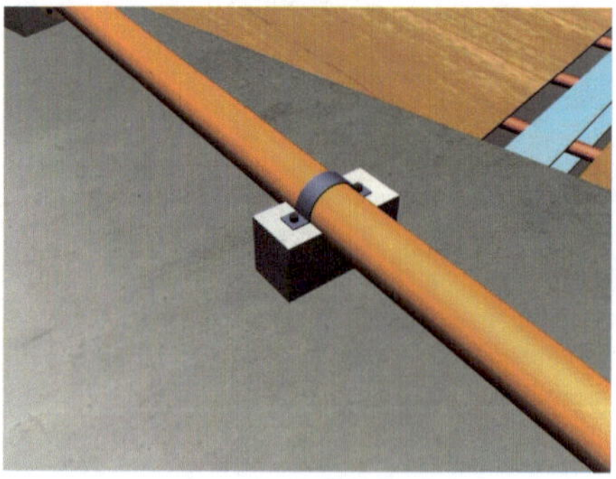

图 38　泵管水平布置

（2）竖向管道的布置。

每层楼板需要在竖向管道安装线路上预留 300 mm × 300 mm 孔洞，并在已浇筑好的位置，用水钻定位开 300 mm × 300 mm 方洞，每层预留孔洞及预埋钢板（240 mm × 240 mm × 10 mm）必须在同一垂直线上，确保泵管能够顺利穿过楼板洞口。

在泵送至 70 m 以上高度时，会产生非常大的压力。因此，连接水平管与垂直管的弯管位置需要加固处理：采用混凝土墩固定方式；混凝土墩内加设 ϕ12@200 双向钢筋网片，并设置支架预埋件以固定弯管的 U 型支架；同时，在结构楼板施工时预留插筋，以确保混凝土墩与结构楼板固定牢固，避免泵送过程中泵管来回错动。泵管立面如图 39 所示。

图 39 泵管立面布置

竖向管道的布置必须保证所有立管同轴心，并与结构有可靠的连接。

在塔楼 100 m 高度以下的泵管使用超高压泵管，100 m 高度以上部分的泵管使用普通高压泵管。

U 型抱箍及泵管每次浇捣时，需要派人安装，并将泵管支架焊接或锚固在预埋的底座钢板上。

超高压输送水平管采用特制泵管和特制超高压管夹，管道连接采用公母扣锥面定心连接形式，O 形密封圈进行密封。

普通高压泵管，当壁厚小于 2.5 mm 时，应更换新管道。弯头部位在输送约 5 000 m^3 混凝土后建议更换。

（3）水平管道的安装。

根据水平管道的布置图进行定位。

按照定位对水平高压泵管进行预拼装。

沿定位线浇筑混凝土梁，混凝土梁预埋安装泵管支架用的底座钢板（240 mm × 240 mm × 10 mm），输送管支撑通过 4 个 M20 膨胀螺栓固定在预埋钢板上，输送管支撑可通过混凝土梁调整合适高度。

安装泵管支架（带 U 型抱箍），考虑到楼板存在高低差，在支架底座钢板安装完毕后，使用水准仪进行标高测量。根据测量结果，适当对泵管支架下端型钢进行切割以确保泵管能在同一水平面就位。

安装水平高压管道，并拧紧管卡螺栓及固定座螺栓。

地泵进行就位操作。

待调试完毕后，将水平管道用手拉葫芦拉紧，使所有管卡在吃力后按照泵管平面布置图，在弯头部位浇筑混凝土，固定管道。

（4）竖向管道的安装。

根据竖向泵管的定位图纸对洞口位置进行定位。

需要在竖向管道安装线路上预埋钢板（240 mm × 240 mm × 10 mm），每层预埋一件。

需要在竖向管道安装线路上预留 300 mm × 300 mm 孔洞，并在已浇筑好的位置，用水钻定位开 300 mm × 300 mm 方洞，待混凝土浇筑完毕后再进行补洞。

根据竖向泵管的定位图纸对洞口位置进行定位。

开洞完毕后，沿竖向墙体吊通线，确保高压泵管能够顺利穿过楼板洞口。

水平管道和竖向管道采用 90° 大弯连接。

支架在确保抱箍中心距离结构面为 266 mm（需要切割支架立柱 3 cm），泵管支架同底座钢板上的［16# 槽钢（槽钢在加工厂已焊接在底座钢板上）进行焊接，焊缝高度为 6 mm。

安装完泵管支架之后，应重新对泵管支架的高度进行复核，确保安装高压泵时支架的水平位置以及竖向高度偏差小于 3 mm。

沿泵管支架安装高压泵管，按照从低往高进行顺利安装，安装过程中严禁使用手拉葫芦强行拉扯，防止管道变形弯曲。

6）地泵的清理及水洗方案

随着楼层高度的增加，每浇筑完毕一次混凝土，泵管内滞留的混凝土会越来越多，每 100 m 泵管内的混凝土约有 1.23 m^3。此部分混凝土按照传统气洗的方式从地泵场地吹出之后，将无法使用，既浪费了混凝土，也需要大量人力清理。所以必须采用地泵的水洗功能来实现泵送多高、水洗多高的目的。简单来讲，就是用清水将泵管内的混凝土顶出作业面浇筑，以及一部分污水泵入垃圾斗内，管内的清水利用地泵的反泵功能抽回沉淀池。

（1）低压泵送阶段。

混凝土浇筑完成前，混凝土工长提前估方。当未浇筑的混凝土方量与泵管内混凝土方量大致相等时（管内混凝土应比未浇筑混凝土量多 0.2 ～ 0.3 m^3），停止混凝土罐车的卸料，待地泵料斗内的混凝土基本无剩余时，关闭截止阀，从锥管处拆除管接头，倒出锥管中混凝土，安装两个海绵塞（海绵塞应用水充分浸泡）和一个清洗活塞（黑色橡胶柱）。安装完毕后，将锥管重新接回，扣好管夹，料斗内装满水，必须确保有足够的后续水源，打开截止阀，按“正泵启动”按钮，开始泵水推动清洗用具，沿管道前进，高压水将管内的混凝土顶出至浇筑区域。

浇筑完成后，管内混凝土还有少量残余（约 0.2 ～ 0.3 m^3），停止泵送，迅速将泵管端部接入垃圾斗，然后继续泵送，直到将泵管内的残余混凝土、海绵球及部分清水泵入垃圾斗内。

泵管内水的处理有两种方式：一是利用地泵的反泵功能，将管内的清水反抽回地泵场地，流入沉淀池。二是关闭截止阀，然后将地泵处的泵管接入转换管，再打开截止阀，利用作业面的气泵将水吹回罐车，运离施工现场。

（2）高压泵送阶段。

相对于低压泵送阶段，高压泵送阶段增加的工作为：在未浇筑的混凝土方量与泵管内混凝土方量大致相等时，停止混凝土罐车的卸料后，待地泵料斗内的混凝土无剩余时，开始卸入砂浆，砂浆的水泥跟砂的比例为 1∶1，卸入 1 料斗，然后将砂浆泵送完。泵管内水的处理方式与低压泵送阶段相同。

（3）注意事项。

在水洗前，应彻底检查地泵的眼睛板及切割环，以确保其磨损在正常范围内，眼睛板及切割环的使用寿命约为输送 2 000 m^3 混凝土。建议在首次水洗前，更换新的眼睛板及切割环。

当高压泵送阶段水洗时，特别应注意砂浆的质量（水泥同砂的比例为 1∶1），否则极易发生堵管。

在进行水洗之前必须确保现场有足够流量的水源，并且水洗过程不能随意停止。

混凝土泵送整体样式见图 40。

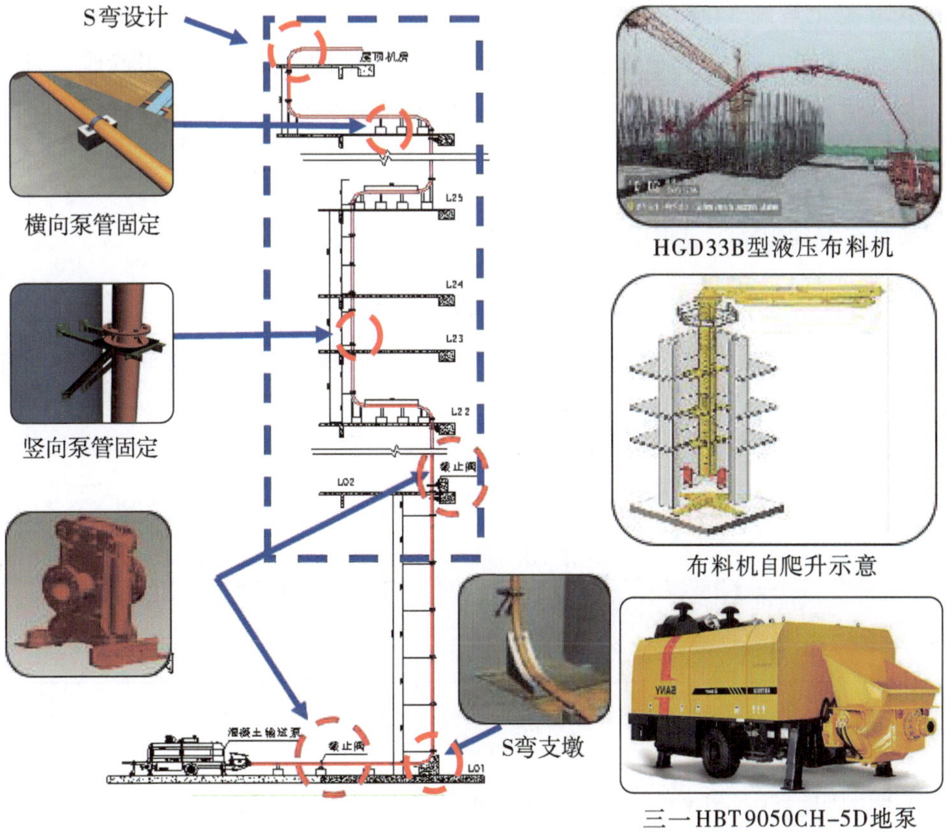

图 40　整体布置图

7）布料机的选择及浇筑过程中坍落度检测

本工程采用一台 HGD33B 型液压布料机，覆盖半径为 33 m，用于混凝土浇筑时的布料。这种布料机三节臂可以自由伸缩，全周回转，能在很小的空间内活动，并且可以向上和向下布料。浇筑过程中泵送混凝土的坍落度检测也应该按照国家标准《混凝土结构工程施工质量验收规范》的规定选用。不同泵送高度入泵时混凝土坍落度选用值见表 13。

表 13 不同泵送高度入泵时混凝土坍落度选用值

泵送高度 /m	30 以下	30 ～ 60	60 ～ 100	100 以上
坍落度 /mm	100 ～ 160	160 ～ 180	180 ～ 200	200 ～ 220

8）混凝土输送泵机、泵管的定期检测与更换

每周派专人对混凝土泵车的工作性能进行定期检测、对泵管管线的固定进行定期检查，并及时更换已磨损的高压管（一般输送 2.0 万 m^3 混凝土的管应更换新管，弯头部位安全使用寿命约为 5 000 m^3），每浇筑 10 层混凝土（结构施工阶段），应将管道彻底检查一遍。检查振动导致管卡和管路支撑的螺栓是否松动。在混凝土泵送施工中，当水平管累计输送混凝土量约 5 000 m^3 时，需沿轴线进行 1 800° 的旋转调整，约 10 000 m^3 时旋转 900°，约 15 000 m^3 时旋转 1 800°，以保证泵管内壁均匀磨损。但当壁厚磨损至不足 3.5 mm 时，其承压能力和结构稳定性已无法满足安全运行要求，此时必须更换新管。

3. 主要机具设备

超高泵送混凝土施工过程中使用的主要机具设备见表 14。

表 14 主要机具设备表

序号	设备名称	规格型号	配置数量	使用时间	备注
1	混凝土输送泵	HBT8018C-5D	2	结构施工完成	
2	布料机	HGD33B	1	结构施工完成	
3	混凝土输送泵管	ϕ125 壁厚 6.5 mm	150	结构施工完成	
4	振捣棒	ZN50	10	结构施工完成	
5	空压机	V-0.14/7 ～ 10	1	结构施工完成	
7	坍落度桶		4	结构施工完成	

4. 小结

本工程采用一台大功率的三一 HBT8018C-5D 地泵泵送混凝土，同时配备一台先进的 HGD33B 型液压布料机进行布料，从而提高了混凝土的泵送和布料速度。在 200 m 以上的

混凝土泵送过程中能达到 28 m^3/h 的浇筑速度，大幅缩短了施工工期。合理的泵送路线布置、频繁的管路检查，并配备一定数量的高压泵管，有效地减少了堵管、爆管等突发情况的出现。应用此工法，在该工程 100 多次混凝土浇筑过程中，类似堵管、爆管情况屈指可数，截至结构封顶共泵送高度在 100 m 以上的浇筑次数达 50 次。这种工法极大地避免了材料、人工的浪费，同时也节约了项目成本。

九、悬挑门式脚手架施工技术

本工程脚手架考虑到周边环境，以往工程经验，以及一层场地临时布置等因素的影响，在充分考虑施工工期和使用方便的前提下，塔楼四层以上、裙楼二层以上部位均采用型钢悬挑门式脚手架作为结构及装修阶段使用。塔楼外防护如图 41 所示。

图 41　塔楼外防护

脚手架采用门式脚手架。门式脚手架在建筑用脚手架中应用较广，它具有装拆简单、移动方便、承载性好、使用安全可靠、经济效益高等优点。

1. 工艺原理

楼面预埋钢筋环—放置悬挑工字钢—放置水平工字钢—铺设木脚手板—安放底座—自一端起立门架并随即安装交叉支撑—安装水平架或脚手板—安装钢梯—安装水平加固杆—安装连墙杆—照上述步骤逐层向上安装—按规定位置安装剪刀撑—装配顶部栏杆。

搭设：钢管脚手架搭设安装应自一端向另一端延伸，并逐层改变搭设方向。搭设位置必须配合主体结构及装修施工的需要。

门式钢管脚手架搭设在第一步时，须装设可调整水平度和垂直度的装置。利用经纬仪调整完垂直度后，应加上扫地杆使第一层架的立杆更为稳固且连为一体。再往上架设的脚手架均需利用经纬仪跟踪调整垂直度。

第一层架（基础架）完成后，配合土建主体结构施工进行逐步向上搭设。满铺钢制扣挂式脚踏板（方便施工人员作为施工平台及满足外排架水平杆功能要求）和紧套交叉栏杆、安全栏杆（外墙架整体性连结的重要配件及兼具施工人员在施工平台上的安全防护），要求随层随跨跟上，达到安全施工的要求，并配备专人负责值班检查。为了配合搭设进度，每完成搭设高度应高于主体结构施工层面 1.2 m，以确保施工人员安全。

为了满足施工工艺要求及安全规范要求，外墙脚手架的立杆离墙距离不大于 30 cm。

连墙件的设置及其安全可靠的承载是保证组合式脚手架整体稳定性的关键因素。因此，在每层楼板浇筑时应每隔三跨（即每隔 5.4 m）处墙脚手架立杆离墙距离不大于 15 cm，且预埋 48 mm 钢管，并将脚手架立杆紧拉加固。同时，采用 ϕ42 钢管制作连墙件，严格按每隔三跨的间距，利用 M10 膨胀螺栓固定于主体结构边缘。梁外侧采用直角扣紧扣脚手架立杆，保证连接牢固。钢管与 ϕ42 钢管连墙件应交替（竖向）搭配，两种墙件（刚性与柔性两种连接）同时使用，以确保门式钢管式脚手架与主体结构完成顶拉工艺要求，形成一个整体，从而确保组合式钢管脚手架的整体稳定性。

搭设转角处之两脚手架立杆必须紧靠用八字扣锁牢加固，两端加设连墙件。

通道洞口设置：通道洞高为 3.4 m（即两步架高），宽为 1.8 m（即一步架跨距）。通道洞口上方，采用 ϕ42 钢管在内侧设置水平加固杆，于洞口上角处加设斜撑杆。

因塔吊加固或搭设出料平台需要拆除交叉栏杆和安全栏杆时，应用 ϕ42 钢管加设水平栏杆与两边立杆用扣件紧扣。

脚手架搭设遇到不能闭合的端口或洞口时应加连墙件，同时用密目式安全网封死端口，防止物料坠落。

2. 施工关键技术及操作要点

塔楼周长 160 m，高 203.05 m，该建筑物工字钢悬挑从四层底板 19.575 m 开始，每六层悬挑一次，分八步挑出至顶高（本项目未设第 13 层）。

表 15　悬挑层设置表

楼号	悬挑次数	悬挑梁位置	标高 /m	悬挑层数 / 层	搭设高度 /m
塔楼	第一次	4 层地面	19.575	6	22.8
	第二次	10 层地面	42.375	6	22.8
	第三次	17 层地面	65.175	6	22.8
	第四次	23 层地面	87.975	6	22.8
	第五次	29 层地面	110.775	6	23.3
	第六次	35 层地面	134.075	6	22.8
	第七次	41 层地面	156.875	6	22.8
	第八次	47 层地面	179.675	5	15.675

裙楼建筑物工字钢悬挑从二层底板10.975 m开始，一步挑出至Lower Roof层31.225 m，悬挑高度 20.25 m。

本工程悬挑架采用 16 号工字钢做悬挑，再采用 ϕ25 圆钢做成钢筋环与工字钢焊接为一体，每相隔 1.83 m 设置一根工字钢，与相应门式立管纵距 1.83 m 相对应。在工字钢上，挑出建筑物外边线部分满铺 50 mm 厚的木脚手板。为防止木板活动，可用铁丝或木板条钢钉将木板绑扎或钉牢，形成坚固的悬挑基础层，每个门架立杆必须安置可调底托，以便上下调整水平高度，除增大门架立杆接触面外，还便于施工满足垂直度工艺要求。搭设转角处的两个门架立杆必须紧靠加固（采用扣件连接），以确保其整体性。工字钢与楼层板固定方式见图 42。

图 42　工字钢与楼层板固定方式图

悬挑工字钢长 4 m，其中锚固段长度为 2.3 m，悬挑段长度为 1.7 m。锚固段长度与悬挑断长度之比约为 1.35：1，大于规范要求 1.25 倍，满足要求。型钢悬挑梁在主体结构上的设置如图 43 所示。

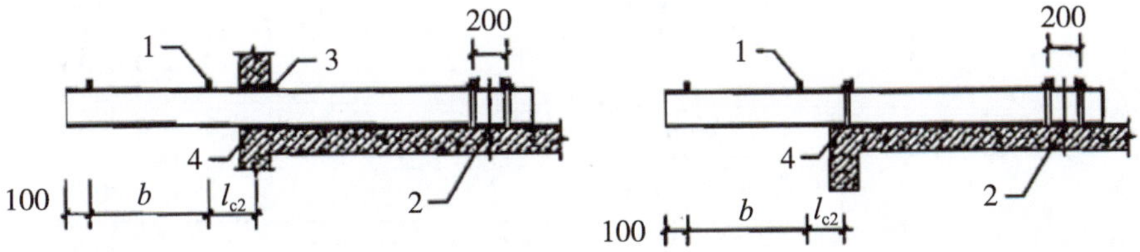

（a）型钢悬挑梁穿墙设置　　（b）型钢悬挑梁楼面设置

1—DN25 短钢管与钢梁焊接；2—锚固段压点；3—木楔；4—钢板（150 mm × 100 mm × 10 mm）

图 43　型钢悬挑梁在主体结构上的设置

在上层梁位置用 ϕ30 塑料管预留孔洞，采用 ϕ5 mm 钢丝绳，每 3 m 一道与工字钢斜向拉结（角部钢梁同此做法）。工字钢拉结如图 44 所示。

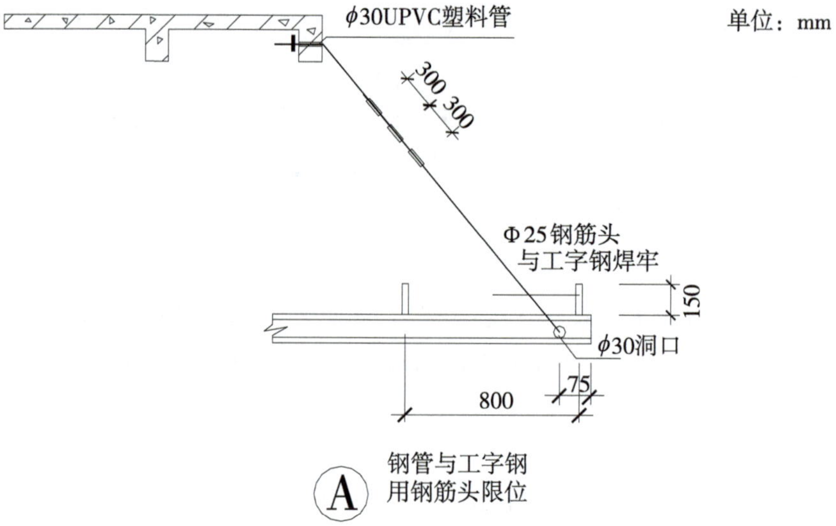

图 44　工字钢拉结图

3. 主要机具设备

主要机具设备见表 16。

表 16　主要机具设备表

名称	规格	数量
门式架	MF1219	13 180 副
钢管	ϕ48，3.0 mm，6 m	7 000 根
扣件	直角、对接、旋转	6 万
安全网	立网（密目绿网）	45 800 m^2
	平网	10 000 m^2
脚手板	50 mm 厚	10 000 m
型钢	16#	4 080 m
钢丝绳	20 mm	4 500 m
钢丝绳	12.5 mm	5 800 m
尼龙绳	6 mm	10 000 m
卡扣	与钢丝绳配套	6 000 个

4. 小结

综上所述，高层建筑脚手架施工技术，要综合各方面因素。根据项目自身特点，灵活选择适用于本项目的脚手架体系，确保建设工程的安全质量、进度、成本等得到有效的控制。

十、幕墙施工关键技术

图 45 为香格里拉三期项目幕墙工程竣工实景照片。幕墙结构作为超高层建筑外围护结构，具有集美观与功能于一体的重要作用。超高层结构幕墙体量大，幕墙形式、节点复杂。随着超高层建筑在全世界的不断涌现，人们对于幕墙的造型不断提出新要求，新式建筑幕墙往往是多形式、多种类的组合。在超高层建筑施工中，针对各专业依次插入施工的工序情况，如何在多专业同时施工时保证如此大体量、多形式、超复杂节点的幕墙顺利完成已成为一个关键难题。现对香格里拉三期项目采用隐框玻璃幕墙进行阐述。

图 45　香格里拉三期项目幕墙工程竣工实景照片

1. 隐框玻璃幕墙的施工工序分析

从隐框玻璃幕墙的特点看，其施工的工序可以分为以下阶段。第一阶段，进行施工前材料的准备；第二阶段，专业人员到现场进行测量定位，实施放线；第三阶段，专业技术人员进行预埋件安装处理；第四阶段，按照要求进行立柱横梁的安装；第五阶段，防雷均压环、接地安装；第六阶段，按照要求进行防火层的安装；第七阶段，按照要求进行玻璃注胶和装配的安装；第八阶段，完成安装并进行密封胶嵌缝处理；第九阶段，需要进行窗扇安装；第十阶段，进行施工现场的清理，并实施竣工验收。

2. 高层建筑隐框玻璃幕墙关键施工工艺分析

1）隐框玻璃幕墙施工材料准备

在进行施工之前，技术人员需要结合图纸和施工现场的状况，编制施工清单，分析施工所需材料及施工设备等。在进行施工设备准备的时候，要注意机械设备建设对建筑工程安全隐患的作用，同样要对施工设备进行检测，保证设备处于良好的状态。施工技术人员也需要注重施工设备的检测，分析设备中存在的不足，避免施工后出现问题。施工技术人员要对工程进行全面审核，加强对图纸的认识，分析质量检验标准，以便施工结束后进行全面检验，最终修正施工中存在的问题。

2）进行施工定位、测量、放线的安排

在第二阶段的施工中，要利用经纬仪、水准仪、线坠、50 m 长卷尺进行测量。在施工过程中，施工技术人员应要求建设单位提供施工图纸，并根据施工图纸，分析不同阶段的施工形式，以建筑工程轴线为依据，确定中心线、标高点，并对已完工工程主体结构进行测量确认。另外，需要注意的是，施工技术人员也可以根据建筑主体的高度和基准线，加强对预埋件的处理，即技术人员根据建筑主体标高，对预埋件标高偏差进行检验。施工人员必须确定立柱顶标高和楼层标高之间的关系，在楼板外弹墨线定立柱顶标高线，最终确定好位置，分析不同阶段的特点，来保证施工的正常进行。

3）预埋件安装处理

预埋件是隐框玻璃幕墙的重要组成部分，也是设备安装的核心内容，从其整体形式看，预埋件涉及两种形式：一种形式属于混凝土浇筑时埋设的预埋件，称之为预埋件；另一种形式是建筑物的主体混凝土已浇筑后进行的候补埋件，还需要进行进一步的固定，采用化学螺栓固定钢板的安装方式，称之为后置埋件。预埋件和后置埋件的施工操作方式存在不同，一般都采用不同的施工工艺。在施工过程中预埋件的加工、安装必须遵循土建主体的施工进度计划，不得影响主体工程的施工进度，从而保证施工的质量。

在预埋件的安装过程中，需要注意不同的安装施工形式，并注意安装环节，需要准确按照图纸进行施工，施工完成后，进行加强牢固。在检查预埋钢筋牢固程度时，应分析并牢记施工特点，以确保混凝土在浇筑时整体的安装更加合适，避免预埋件产生位移的现象，影响后期的施工。在进行预埋件的处理时，需要注意不同预埋件的特点。在安装时，需要进行打孔处理，确保打孔位置准确，孔径和孔深需要严格按照设计要求进行控制，以确保锚栓能够正常发挥性能。螺母需要拧紧，不得松动，旋紧后，需要进行点焊和防腐处理，以确保施工的正常进行。

在施工过程中，化学螺栓通常被广泛使用。在使用的过程中，必须严格按照使用说明书的要求进行操作，避免施工出现问题。在钻孔的时候，要控制钻孔的深度，孔的深

度不能太深，孔内也不能有灰尘，要进行清除，否则将影响施工质量。化学药剂固化前不能承受载荷，注意打孔要避开主筋位置，需要按照要求进行预测，预埋件要准备，一般都要合理控制偏差，标高偏差≤ 10 mm，左右偏差≤ 10 mm，注意偏差范围，否则将影响整体工程。

4）立柱、横梁安装

隐框玻璃幕墙施工中，立柱和横梁的安装至关重要。玻璃幕墙需要与框架和主体连接在一起，一般形式都是通过连接钢角码与预埋件连接，连接钢角码由热镀锌的钢板加工制成，与立柱相邻之处有两个槽形孔，在施工中有利于调节，保证立柱的位置。在工作台的施工中，首先需要确定横梁铝角码位置，位置确定后，立即进行标记，记住标记位置，并在立柱上标记横梁铝角码的安装位置，并用不锈钢螺栓把横梁铝角码与各立柱连接在一起，然后把插蕊插入立柱上端的空腔内。

在施工过程中，需要注意立柱与插蕊结合处钻通孔的操作方式。同时，需要安装钢角钢（接触面上加 2 mm 垫片，防止不同金属之间的电位腐蚀），并使用不锈钢螺栓与钢角钢连接。最后，将立柱安装到指定的位置，调整立柱安装的准确程度，并紧固螺栓。钢角码与埋件先点焊，尽量避免移位。在确定安装立柱位置稳定后，审核其位置是否正确，确定位置准确后，要将钢板框角码预埋在其中，并完成焊接要求，焊接完毕后，要立即进行防腐处理。

注意，在安装立柱的时候，立柱的上端安装形式，要按照上述方式进行；在进行下端安装的时候，需要一根蕊柱，将蕊柱固定在主体的柱体上边，蕊柱的安装也应该做好安装准备，然后确定好安装位置，将其固定在准确的位置中，保证立柱与立柱之间垫入 15 mm 厚的伸缩垫，立柱上端连接焊实后，将伸缩垫撤掉，保证立柱之间留下 15 mm 的距离。立柱安装都是上端固定，下端可伸缩，满足在温度变化时出现伸缩的需求。立柱有一定的伸缩范围，基准框以上的框架安装方法依次类推。在安装基准框以下的立柱时，先将基准框下端的插蕊卸掉，插入下边立柱上端空腔内，并与立柱相连接插入基准框下端的空腔内，保持 15 mm 的伸缩缝，调整竖框位置的准确程度，最后连接牢固，下边的框架依次类推。立柱安装的标高差≤ 3 mm，轴线差≤ 2 mm，左右差≤ 3 mm。

注意玻璃幕墙立柱与横梁的连接形式，分析它们之间的连接方式，注意立柱与横梁之间是通过角码和不锈钢螺栓等连接件连接在一起的。在施工的过程中，先将铝角码和不锈钢螺栓连接起来，再将其一组横梁套在相邻两根柱子中间，随后固定在已确定的铝角码位置上，横梁与立柱接触面垫 2 mm 橡胶垫。在调整横梁的进出位置时，要使横梁外表面与立柱外表面保持在同一平面上，调整横梁上下位置，并用水平仪检测横梁的平整度，这样在一定程度上可以确保横梁的位置符合技术文件的要求，从而提高施工质量。横梁安装需遵循由下往上的顺序进行。当安装完成以后，进行检查和调整，注意对横梁位置的调整和固定，最终使其能够达到安装要求，相邻横梁水平标高偏差不应大于 1 mm。当一幅（即由立柱、横梁及面板组成的独立安装单元，是幕墙系统的最小功能分区）宽度不应大于 35 m 时，标高偏差不应大于 5 mm；当一幅宽度大于 35 m 时，标高偏差不应大于 7 mm。横梁、立柱实施安装之前，型材表面应贴保护胶带，型材与玻璃接触表面穿入胶条，避免玻璃与型材硬接触，防止玻璃应力集中产生自爆。

5）防雷均压环及接地安装与施工

防雷均压系统同样是隐框玻璃幕墙的重要组成部分。幕墙自身设置避雷系统，避雷带与幕墙连接件可以通过焊接或机械连接等可靠方式连接到主体结构的避雷体系，避雷带与幕墙连接件连接后形成回路的接地电阻可放宽至 10 Ω，但作为建筑外围护结构的幕墙防雷接地电阻应严格控制在不大于 1 Ω。只有确定在这个范围内，才能保证施工质量。

6）防火层安装施工

防火层的安装与施工是隐框玻璃幕墙施工的核心部分。安装时，需依据防火材料的耐火极限确定防火层的厚度和宽度，确保宽度符合相关规范要求，并在楼板处设置防火带。防火棉的厚度不应小于 100 mm，且外表面需做防潮处理；防火层的支撑衬板应采用厚度不小于 1.5 mm 的镀锌钢板；密封材料应选用防火密封胶；防火层与玻璃不得直接接触，单块玻璃不应跨越两个防火分区，以确保防火层安装位置合理。

7）玻璃注胶及装配制作安装施工

隐框玻璃幕墙需进行注胶安装。在隐框玻璃幕墙中，玻璃与铝框完全依靠结构胶粘贴，所以保证粘贴质量是确保隐框幕墙安全的关键。胶的粘贴质量受以下因素影响：胶自身的力学指标及配比、铝材与玻璃间的相容性、铝材表面的附着牢固程度、施工过程中粘贴面的清洁度、玻璃安装时的水平位置精度，以及玻璃位置调整的准确性。

8）密封胶嵌缝

在进行密封胶施工与嵌缝时，施工人员应先充分清洁板材间隙，确保无水、油渍、涂料、铁锈、水泥砂浆、灰尘等杂物残留。同时，对黏结面进行彻底清洁和干燥处理。施工中，可根据实际情况适当调整缝的深度，防止三边粘胶，随后在缝内填充泡沫塑料棒。注胶后，要保证胶缝表面平整，无多余胶渍。注胶完成后，及时撕掉保护纸，若玻璃表面有污渍，可用溶剂擦拭干净。

3. 小结

隐框玻璃幕墙是建筑物的重要组成部分，重视其安装环节和施工特点，是保证施工顺序、合理开展的关键。对于建筑物是否采用隐框玻璃幕墙，业界存在诸多争议。从技术层面而言，任何新技术、新材料的应用，在实际施工中均会带来正面和负面影响。要评判这些影响，需综合考量建筑物实际工程条件、工程整体效果及建筑物建造全过程等因素，不能片面评估，避免无法对整体工程起到有效指导作用。

十一、超高层建筑穿插快速施工方法

超高层项目塔楼同一水平工作面较为狭小。为加快项目“两提一减”（提效率、提质量、减工期）进度，实现项目保质保量且按期交付，为确保穿插施工提效，实现工期目标，项目制定穿插快速施工工艺流程。

1. 工艺原理

通过提前策划，将设计、采购等工作前置，让装修、机电安装、幕墙等作业穿插进行分段流水施工。根据主体结构验收次数划分流水段，装修各工序施工周期与主体施工周期保持一致，各工序均遵循主体流水施工原则，有效避免窝工现象。借助穿插施工工艺，实现工期节约 15% 的目标。

2. 施工关键技术及操作要点

1）塔楼“*N*–16”施工组织模型

超高层建筑的塔楼施工采用“*N*–16”模型进行施工组织（*N* 为目前塔楼施工的最高层），将塔楼施工区域分为四个竖向作业段。

第一作业段为结构作业段，楼层为 *N* 至 *N*–3 层，主要进行主体结构施工、模板支撑拆除等。

第二作业段为粗装修作业段，楼层为 *N*–4 至 *N*–8 层，主要进行二次结构施工、机电及给排水管线安装等。

第三作业段为止水作业段，楼层为 *N*–9 层，主要进行外门窗扇安装、洞口封堵、楼梯间等反坎断水作业，彻底隔绝外部水源，为后续的精装修做准备。

第四作业段为精装修作业段，楼层为 *N*–10 至 *N*–16 层，主要进行天花吊顶、地面铺装，室内门窗安装、家具安装、保洁、验收等作业。

各工序应安排做到互不干扰、施工时间固定、人员固定，循环流水、人员材料不回流，垂直运输不冲突，实现彻底干净的作业面移交（见图 46）。

2）装修工序分析

装修主要施工工序涵盖湿作业、木作业、涂饰、柜体及户内门与厨具安装、五金洁具灯具安装、地板安装等。排定湿作业、木作业、涂饰、柜体及户内门与厨房电器等工序时，宜摒弃传统施工方式，确保每道工序在标准施工周期内全部完工，防止工序甩项而影响后序工序。五金、洁具、开关插座、灯具等须一次安装到位，地板工程建议在各流水段整改完毕后安装。

结构作业段	
N层	钢筋绑扎、模板拼装、混凝土浇筑等
N-1层	室内墙体拆模清理、结构养护
N-2层	室内螺杆洞口封堵
N-3层	模板支撑拆除
粗装修作业段	
N-4层	外窗框及栏杆安装、厨卫结构蓄水试验、轻质隔墙安装
N-5层	反坎施工、设备基础施工（面层处理，设备就位）
N-6层	砌体施工、机电二次预埋、烟道安装、室内机电安装
N-7层	桥架及水平支管安装、管井及电井蓄水试验
N-8层	室内防水及地坪施工、给排水管分段
止水作业段	
N-9层	外门窗扇安装、洞口封堵、楼梯间等各反坎断水、提前安装部分公区天花吊杆及龙骨
精装修作业段	
N-10层	轻钢龙骨墙龙骨、单侧板安装
N-11层	轻钢龙骨墙另一侧面板安装
N-12层	天花找平、墙面腻子施工
N-13层	吊顶及顶棚饰面层施工
N-14层	地面饰面层施工
N-15层	户内门及防火门安装、柜体洁具灯具开关插座
N-16层	保洁、模拟检查验收

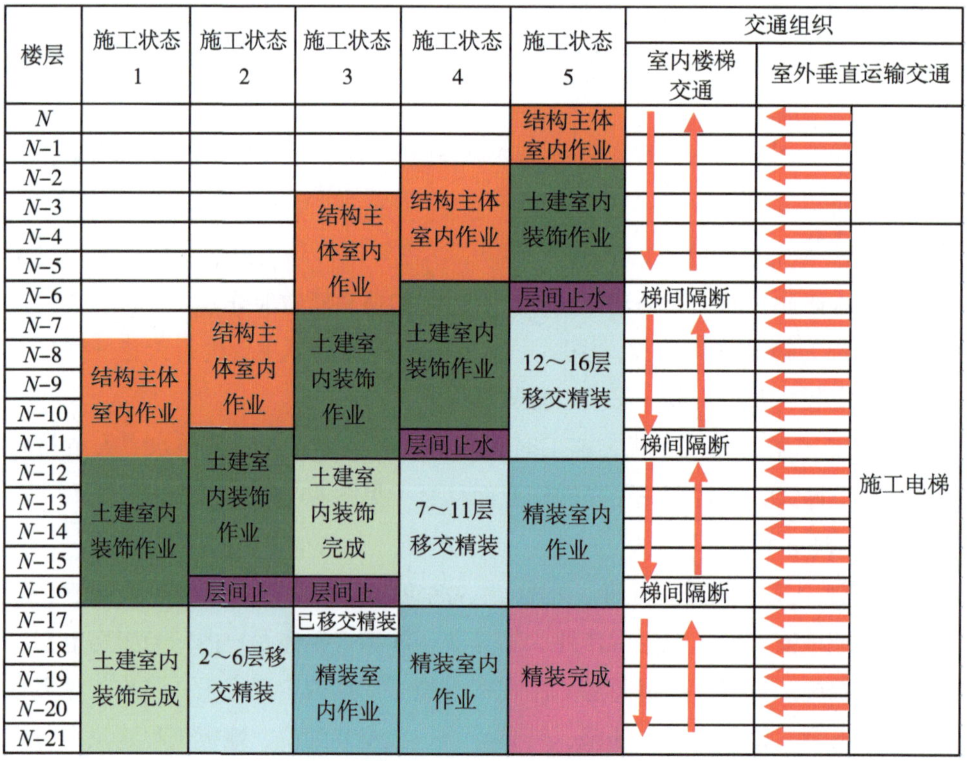

图 46　N-16 施工组织模型

3）设计、采购周期分析

为实现穿插提效下各部门、各专业的无缝对接，结合公司采购、设计、成本等专业情况制定相应工作周期，用以指导现场工程师推进和督促各专业工作。

3. 注意事项

（1）管井门、防火门应随条板同步安装。公区土建湿作业（收口）需与室内作业同步进行，从而为穿插提效提供同步作业面。

（2）确定施工电梯、塔吊附着点位置时，应避开厨房、卫生间区域，并综合考量配套施工等因素，防止因附着点设置不当导致贴砖作业无法开展，进而影响下道工序移交。

（3）若第一年主体尚未封顶，装修不进行大面积施工，但可开展木作业等工序。可借助已完作业面，优先施工不受气温影响的木作业，以优化穿插提效后的工期安排。

（4）外立面幕墙安装进度应滞后于 *N*–9 层，以此保障室内干燥环境。

（5）对于超过 30 层的建筑，外墙施工应进行分段。可根据各项目工期、已完工楼层数、外立面造型等因素，合理划分施工段。

4. 楼层止水措施

为满足精装修穿插提效施工要求，实现下部精装修施工与上部土建主体施工同步施工，同时防止上部雨水或施工用水对下部装修施工造成损害，特制定楼层止水方案，涵盖外窗止水（含启口设置、下口找坡）、结构自防水、全现浇外墙、外窗发泡塞缝等措施。

根据楼层止水位置，可以止水措施分为以下三种：户内止水措施、电梯及电梯前室止水措施、楼梯间止水措施。具体做法如下：

（1）户内止水措施。

户内窗户封闭后，水多经厨房、卫生间的烟道、管道等预留洞口向下流淌，针对此需采取相应止水举措。

（2）厨卫间预留洞口封堵措施。

厨卫间各预留洞口，在楼面预留口顶部用 18 mm 厚木板牢固钉封，随后将尺寸大于洞口 100 mm 的高分子防水卷材裁剪成型，粘贴于洞口处。

（3）厨卫间排水措施。

采取预留洞口封堵措施后，可阻止水向下流淌。但为了防止厨房、卫生间积水，在楼层各户厨房、卫生间楼面，选择一个地漏预留口，安装一个直径 50 mm 的 PVC 地漏，使其顶面与楼面平齐，并用密封胶将周边严密封堵。地漏底部 PVC 管伸出楼板底面 100 mm，与直径 110 mm 的 PVC 排水管道相连，排水管道以吊卡子固定于天棚，排水口引至最近外墙窗口外侧且伸至窗台下方，让水直接排至楼外。

电梯井及电梯前室的管道井采用定制的漏斗进行止水并通过管道导出（见图 47）。电梯前室管道井止水措施是在管道井洞口下方做一个每边尺寸比洞口周边大 50 mm 的漏斗，以钢筋为骨架，间距 250 ～ 300 mm 一道，周边采用扎带将高分子卷材固定在焊制的骨架上，在卷材接缝位置刷防水。漏斗直接固定在楼板上，漏斗下面通过地漏接头与直径 110 mm 的 PVC 管连接并用金属吊卡固定在天棚上，排水管引至最近外墙窗口外侧，使水直接排至楼外。

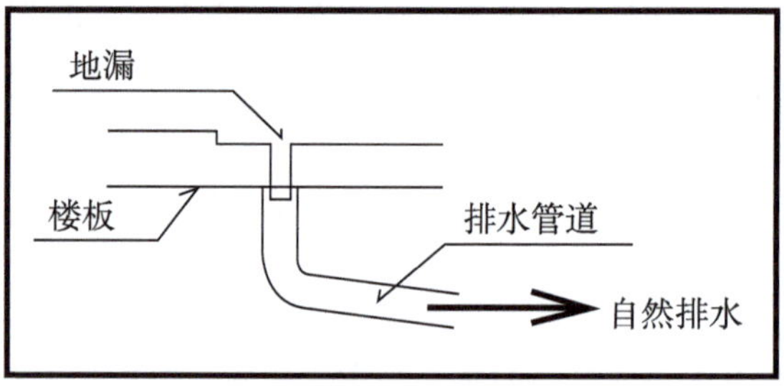

图 47　电梯井及电梯前室止水措施

（4）电梯井止水措施。

电梯井止水措施与电梯前室管道井做法相似，定制漏斗上口直径比电梯井内部尺寸小 50 mm，采用 ϕ8 ～ ϕ10 钢筋焊接成间距 250 ～ 300 mm 的网格骨架，确保结构强度。采用膨胀螺栓将漏斗固定于电梯井侧壁。为了防止水沿漏斗与电梯井壁之间的缝隙流下，安装漏斗前在电梯井壁四周粘贴预铺式高分子自粘防水卷材，将水导流至漏斗中。漏斗下面通过地漏接头与直径 110 mm 的 PVC 管连接，排水管按不小于 1% 的坡度敷设，采用金属吊卡固定，间距不大于 1.5 m。排水管引至最近外墙窗口外侧，使水直接排至楼外。

（5）楼梯间止水措施。

楼梯间平台两个门口用实心砖砌筑 200 mm 宽、200 mm 高的挡水墙，在最低处设置地漏，用 PVC 管件与楼梯排水连起，使水直接排至楼外。

5. 小结

超高层综合体商业建筑，专业多、工作面狭小、资源紧张，采用立体穿插流水作业，可提质增效、节约工期，并且合理调配各专业施工周期，保证施工质量。全过程遵循自下而上组织流水施工原则，确保每个流水段仅有一个专业施工。各专业完成本流水段施工作业后，由总包监督完成交接手续，下一工序及时开展施工。

十二、超高层 BIM 创新应用技术

在 Havelock City 项目中，BIM 技术得到全方位应用，涵盖施工进度模拟、临建建筑布置、土建工程、钢结构工程、机电工程、装修工程及幕墙工程等领域。其 BIM 模型精度高达 LOD 500，达到竣工图标准。

1. BIM 技术在施工进度管理中的应用

施工活动具有时间关联性，完整的施工进度计划需覆盖从项目进场施工起始，到竣工验收完成的全部阶段流程。它需要根据合同工期，以海量的工程资料（图纸、招标投标书、会议记录、设计变更等）为基础，按各阶段的工程量来估算人工、材料、机械数量，确定每项工作耗时，再依据工序先后顺序，考虑工序搭接，完成项目施工进度计划编排，如图 48 所示。

PROPOSED COMMERCIAL DEVELOPMENT COMPRISING OF A 49 STOREY OFFICE TOWER AND A 5 STOREY SHOPPING MALL FOR HAVELOCK CITY, COLOMBO, SRI LANKA

DETAILED TIME PROGRAMME REV 0.2
PROGRESS UPDATED AS-BUILT PROGRAMME FOR JULY 2019

ID	❶	Task Name	progress	Baseline Duration	Baseline Start	Baseline Finish	Duration	Start	Finish	Actual Start	Actual Finish
1		PROPOSED COMMERCIAL DEVELOPMENT COMPRISING OF A 49	20.65 %	1096 days	3/28/18	3/27/21	1094 days	3/28/18	3/25/21	3/28/18	NA
2		General	19.71 %	1096 days	3/28/18	3/27/21	1094 days	3/28/18	3/25/21	3/28/18	NA
57		Engineering	31.68 %	840 days	3/28/18	7/14/20	840 days	3/28/18	7/14/20	3/28/18	NA
358		Procurement	13.33 %	869 days	5/31/18	10/15/20	869 days	5/31/18	10/15/20	5/31/18	NA
362		Construction	19.93 %	1096 days	3/28/18	3/27/21	1094 days	3/28/18	3/25/21	3/28/18	NA
363		OFFICE TOWER	19.30 %	1096 days	3/28/18	3/27/21	1094 days	3/28/18	3/25/21	3/28/18	NA
364		Tower Crane & Passenger Hoists	89.54 %	187 days	10/31/18	5/5/19	225 days	8/20/18	4/1/19	8/20/18	NA
369	✓	Prerequisite Approvals	100.00 %	93 days	3/28/18	6/28/18	93 days	3/28/18	6/28/18	3/28/18	6/28/18
374		Substructure Works Tower	98.85 %	340 days	5/16/18	4/20/19	418 days	5/16/18	7/7/19	5/16/18	NA
486		Super Structure	42.30 %	475 days	3/7/19	6/23/20	509 days	1/29/19	6/20/20	1/29/19	NA
487		LOW ZONE	65.07 %	287 days	3/7/19	12/18/19	321 days	1/29/19	12/15/19	1/29/19	NA
488	✓	L1 - L2 Vertical elements to L2 Slab & Beam	100.00 %	21 days	3/7/19	3/27/19	29 days	1/29/19	2/26/19	1/29/19	2/26/19
489	✓	Zone A	100.00 %	18 days	3/7/19	3/24/19	21 days	1/29/19	2/18/19	1/29/19	2/18/19
490	✓	L1 Columns & Lift core RC wall	100.00 %	7 days	3/7/19	3/13/19	7 days	1/29/19	2/4/19	1/29/19	2/4/19
491	✓	Rebar works	100.00 %	6 days	3/7/19	3/12/19	6 days	1/29/19	2/3/19	1/29/19	2/3/19
492	✓	Formwork	100.00 %	6 days	3/8/19	3/13/19	6 days	1/30/19	2/4/19	1/30/19	2/4/19
493	✓	L2 slab and Beams	100.00 %	15 days	3/10/19	3/24/19	18 days	2/1/19	2/18/19	2/1/19	2/18/19
494	✓	Formwork	100.00 %	12 days	3/10/19	3/21/19	12 days	2/1/19	2/12/19	2/1/19	2/12/19
495	✓	Rebar & MEP works	100.00 %	12 days	3/12/19	3/23/19	15 days	2/3/19	2/17/19	2/3/19	2/17/19
496	✓	Concrete casting	100.00 %	1 day	3/24/19	3/24/19	1 day	2/18/19	2/18/19	2/18/19	2/18/19
497	✓	Zone B	100.00 %	18 days	3/10/19	3/27/19	23 days	2/4/19	2/26/19	2/4/19	2/26/19
498	✓	L1 Columns & Lift core RC wall	100.00 %	7 days	3/10/19	3/16/19	22 days	2/4/19	2/25/19	2/4/19	2/25/19

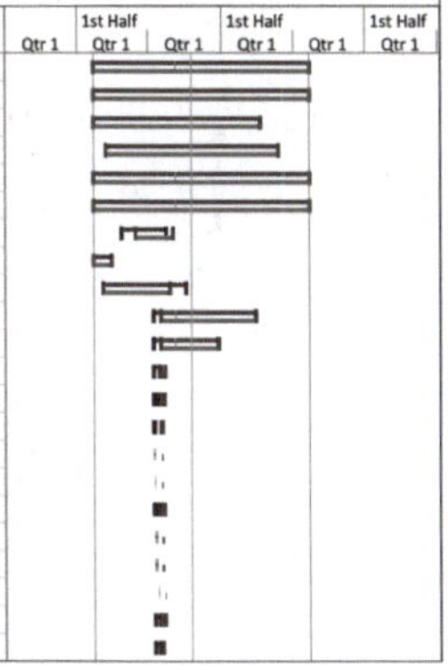

图 48　施工计划

项目方在已建 BIM 模型基础上叠加进度时间轴，动态分析施工方案与进度，于项目建设前模拟并优化建设过程，精确直观展现施工进度与流程。

传统施工进度描述方法，如横道图、双代号网络计划、单代号网络计划、双代号时标网络计划、单代号搭接网络计划等，多为基于工程进度关键节点的平面静态分析管理。本项目中，总承包方借助 BIM 4D 模型，合理制订施工计划，精确掌握施工进度，实现工期缩短、成本降低与工程品质提升。以下为 BIM 模型结合进度计划实现 BIM 4D 模拟的具体示例。

项目借助直观的虚拟动画进行动态优化分析，生成更为合理的施工进度计划。通过合理划分不同功能建筑施工区、调整施工顺序并配置充足施工资源，保障项目按期交付。

BIM 进度模型如图 49 所示。

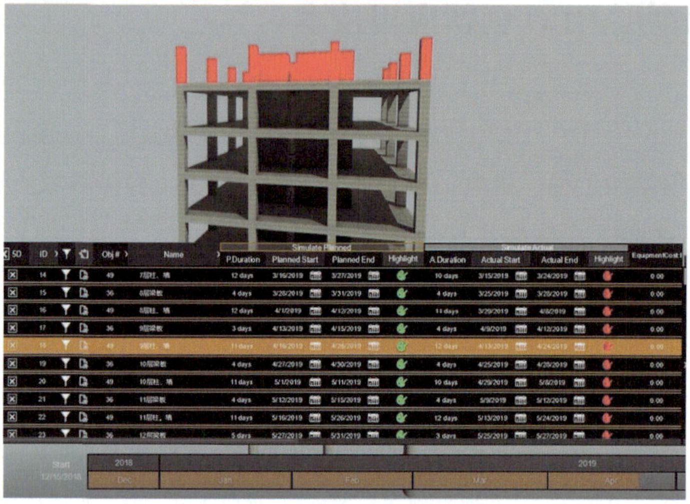

图 49　BIM 进度模型

2. 造价管理 BIM 应用

传统造价管理模式下，多依据图纸并借助造价软件开展计算及造价相关工作。然而，该模式因无法与项目施工过程实时关联，使得造价管理时效性较差。本项目中，总承建方在造价管理方面应用 BIM 技术，主要是利用 BIM 模型的参数化、信息化优势快速提取工程量，为商务部门结算工作提供数据提取、工程量核对等辅助，相关模型及数据见图 50、图 51、表 17。

图 50　工程量计算模型

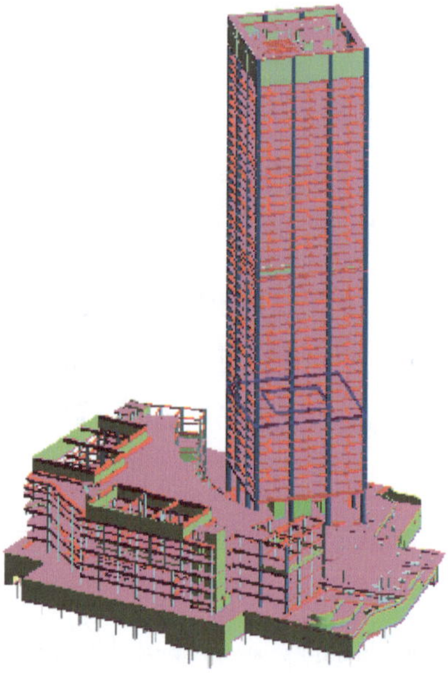

图 51　混凝土模型辅助算量

表 17　钢筋工程量统计表

楼层名称	构件类型	钢筋总重kg	HPB300			HRB335	HRB400										
			6	8	10	12	6	8	10	12	14	16	18	20	22	25	28	32
全部层汇总	柱	3394150						44.784	627703.04			154496.18		58379.754		226817.7		2326708.5
	墙	2042298	11825.709			718277.31		2495.294	5610.783	822.453	12047.47	259254.19	329699.63	112240.68		89357.102		500667.19
	梁	4278976	22.355	109481.52					765161.45	707.178	818845.77	904787.99	122316.62	514275.89	387.591	985627.67	10501.995	46860.048
	现浇板	2680328							758914.03		1660304			261110.13				
	基础梁	40816.16		773.924					19914.779			8441.588		11685.874				
	筏板基础	1521109									52264.498			884226.95			22942.5	561675.11
	桩承台	177925.4								1091.789				32048.423		51325.621		93459.581
	楼梯	60677.3			746.712		758.348	16814.681		36821.712		5535.846						
	合计	14196280	11848.064	110255.44	746.712	718277.31	758.348	19354.758	2177304.1	39443.132	2543461.7	1332515.8	452016.25	1873967.7	387.591	1353128.1	33444.495	3529370.4

基于 BIM 的过程造价管理，通常把造价信息嵌入模型，使模型修改与工程量自动同步更新，以此高效利用建筑模型开展动态造价管控。BIM 模型的实物量统计在技术上有较大的优势，一旦模型建立，即可从模型中自动获取和统计到所需要的实物量，配合商务部门的结算在时效性上有较大的优势。本项目中，造价管理 BIM 应用主要是在土方量、结构钢筋用量核算上进行了一些实践和探索。

3. 质量管理 BIM 应用

在质量管理中，BIM 模型可辅助进行工程质量的把控，提前发现图纸问题，减少现场修改及返工现象，从而提高工程质量。在面对复杂节点或复杂工艺的施工及检查时，利用模型或施工模拟动画可为现场管理人员提供帮助，提高工程质量的预判及监督能力。

施工图纸审查是施工准备阶段总承建方技术管理的重要内容之一。利用 BIM 模型进行图纸审查，图纸问题在模型中就得到直观展现。利用 BIM 软件创建项目 LOD 500 全专业模型，可对设计结果进行可视化展示，使总承建方能直观地理解设计方案，检验设计的可施工性，同时可以直观地检查图纸相互矛盾、无数据信息、数据错误等方面的问题。

BIM 模型完成汇总后，经碰撞检查可深度挖掘各专业图纸间的冲突问题，显著提升图纸检查的质量和问题预判性。BIM 模型检查出的各专业问题报告，在图纸审查会议上汇报，各参与方可在三维平台上利用可视化技术进行图纸审查，提高图纸审查会议的效率与质量。随后总承建方根据 BIM 团队的问题报告，向设计方发送 RFI（信息请求）文件，由设计方提供设计变更，闭合完成图纸审查工作。

在施工阶段引入 BIM 技术，能够避免施工信息零散孤立，让整个施工管理系统形成有机整体。以机电工程为例，项目在施工开始之前运用 BIM 技术开展碰撞检查、空间管理与进度管理，弥补和改进设计施工阶段的缺陷。通过及时解决问题，产生了显著的经济效益与时间效益。最终，借助 BIM 解决的施工问题已超过 1 240 个。

4. 安全管理 BIM 应用

在安全管理方面，主要借助标准构件进行现场安全设施模型的布置，提前规划安全路线。通过 BIM 模型现场检查，可以提升项目安全管理水平。以下是本项目安全管理 BIM 应用情况。

1）危险源管理

传统的安全管理，危险源的判断和防护设施的布置都需要依靠管理人员的经验来进行，特别是在各标段对自身施工区域危险源识别模糊时，借助 BIM 技术可精准、及时发现潜在危险源，实现安全风险预控，防患于未然。总承建方可协助各标段分析安全死角，针对局部存在较大安全隐患的部位，针对性设置安全消防设施，在临时配电点配置较完善的消防设施。同时，根据各阶段的建筑模型仿真火灾逃生情况，在火灾逃生线路上有针对性地布置临时消防装置，使在火灾发生时可保证人员安全撤离现场，减少材料的损失。

在施工作业时，现场有诸多电焊、切割、气割等动火作业。总承建方借助 BIM 模型，协同安全管理与进度控制，在动火作业前明确当日动火作业层面，掌握各工作接口动火作业点实时分布，同时严格管控“施工现场动火证”的开具数量与期限，为监理等人员在抽查时能随时查询现场位置提供信息。

2）安全交底

将防护设施模型的布置对项目管理人员进行可视化交底，确保管理人员对布置内容的理解。同时，借助模型的三维标准化设计及可视化布置，提高对劳务人员的交底质量及效率，保证现场布置与设计方案一致，提高项目安全交底成效（见图 52）。

图 52　安全可视化交底

3）使用 BIM 模型分析与仿真高支模方案

依据施工技术方案，借助 BM 技术搭建施工现场高支模方案模型（见图 53），同时通过高支模技术方案演示，进行高支模方案的研究和讨论，以分析高支模方案的正确性与可行性，以便指导现场施工。

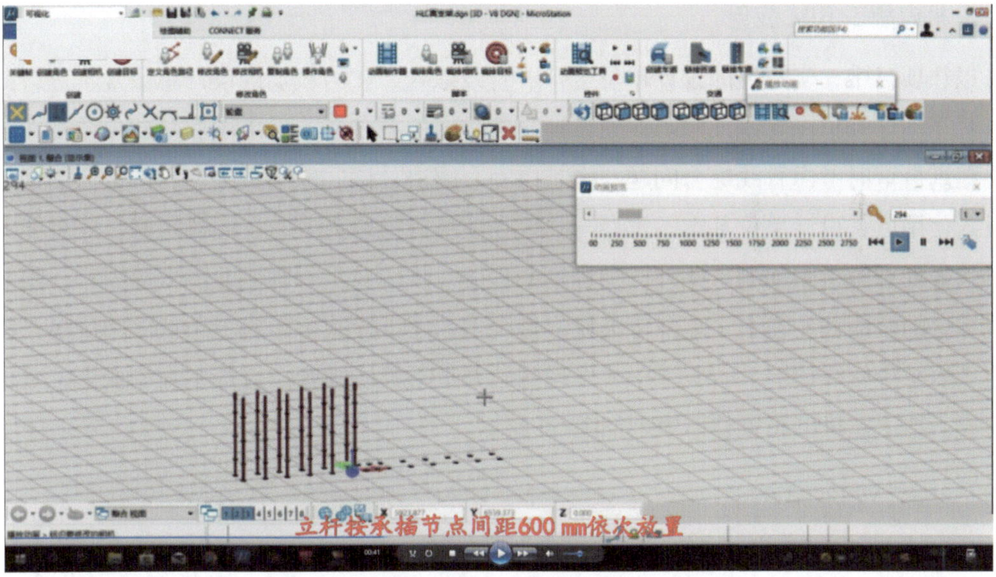

图 53　支模技术方案演示

项目部借助本项目在技术、进度、造价、质量、安全管理等方面的 BIM 技术应用，大幅提升了中交三公局作为施工总承包方的工程决策、深化设计、施工及运营环节的管理水平，最终提高了工程质量，保障了工程工期，取得了显著的效益。

4）设备管理

本工程涉及大型机械设备较多，主要分为两类：自有设备和外租设备。大型设备的管理工作是项目能否安全顺利进行的重中之重。

项目采用移动端安全管理来监测各种机械设备的保养记录、检修记录、出厂合格证、技术指标、使用年限等相关信息，方便现场技术人员随时随地查看掌握大型设备的状态，及时发现项目部潜在风险，提前预防并解决。机械设备移动端管理的具体运用如图 54 所示。

图 54　机械设备移动端管理的具体运用

5. 机电施工 BIM 应用

以往项目中，实力强的设计单位会开展管线综合，实力较弱的设计单位常不进行此项工作甚至不详细标注管线尺寸。即便设计阶段尽力协调各专业，出图后参建单位专业工程师在图纸会审时考虑管线综合问题，也难以完全解决，该问题会贯穿项目全生命周期。图纸投入使用后，设计单位基本不再参与，仅在项目规模较大或有合同约定时，才可能派驻现场代表处理施工图问题。此外，工程复杂程度、规模及工程师专业能力等因素，限制了管线综合的全面性，易引发疏漏等失误。传统平面图纸模式下，施工单位需阅读多张图纸才能了解某种管线情况。若施工中才发现问题并进行管线综合，会产生大量变更，延误项目建设。地下室机电布置整体模型如图 55 所示。

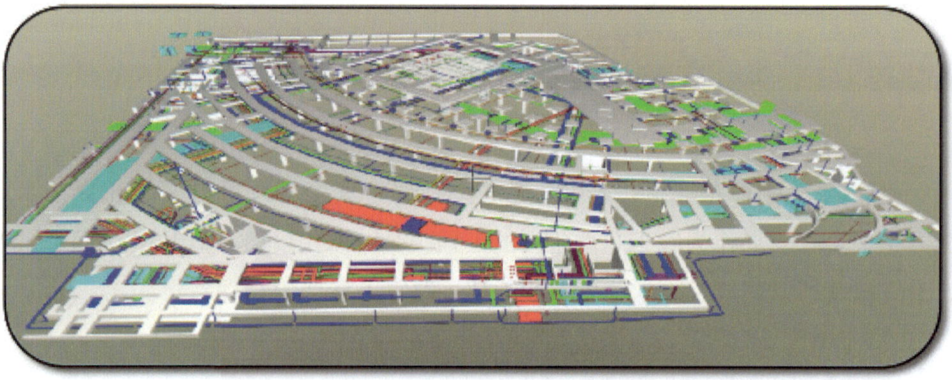

图 55　地下室机电布置整体模型

为避免传统项目建设过程中，参建各方因设备管线碰撞而产生的拆装、返工及费用浪费，采用 BIM 技术开展机电深化设计，有效规避此类问题的发生。在管线综合设计时，借助 BIM 可视化功能进行碰撞检查，将碰撞信息及时反馈给设计人员以便调整，从而减少施工现场管线碰撞与返工，降低工程成本（见图 56、图 57）。

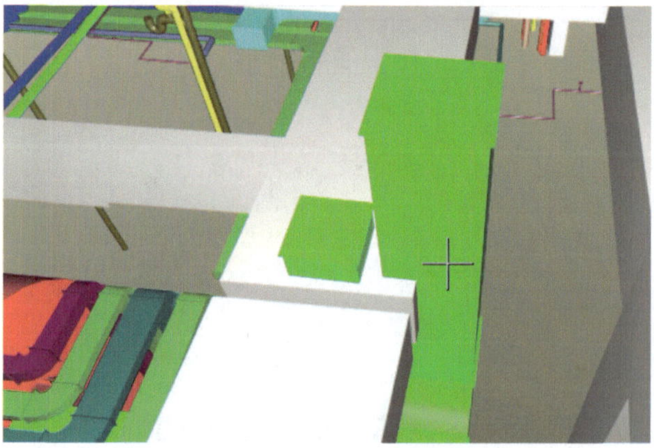

图 56　风管穿梁 BIM 模型图

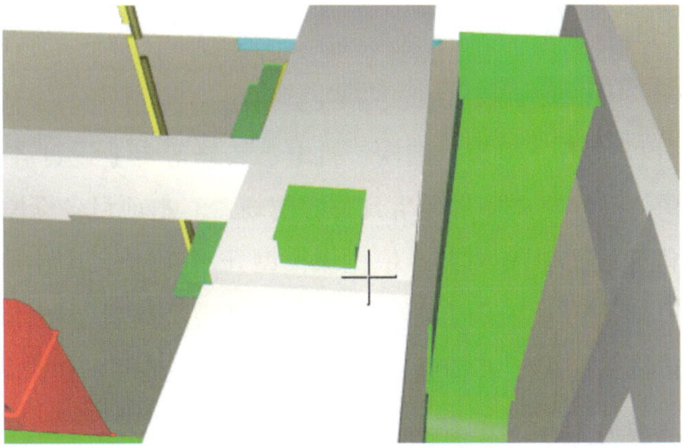

图 57　与业主讨论后的解决方案

基于碰撞检查，结合工程净高需求、管线采购制作及机电安装对管线位置的影响，在 BIM 模型中合理排布管线，降低施工阶段错误与返工风险，并且可以优化空间，优化管线排布，方便施工。现场工程师可以使用碰撞协调后的三维管线方案进行施工交底，以提高施工质量。

管线安装完成后，其使用功能是否契合设计标准、空间占用是否满足使用需求，是业主关注重点。基于三维管线综合生成的 BIM 模型，可直观展示管线布局与空间关系，有效回应业主关切。BIM 模型可以直观呈现管线布局，通过空间漫游功能让使用者体验空间效果，其作用真实系统的虚拟映射，涵盖管道、设备、部件等，且具备完整的数据信息，便于物业运营维护。

当前，机电施工中 BIM 应用是 BIM 技术在施工过程中最常见的应用之一，在提升机电深化设计、强化管线综合协调、减少返工、降低施工成本和把控进度等方面成效显著。因此，近年来机电施工中 BIM 应用得到了较好的发展。

本项目工期紧张、施工量大且交叉作业面较多，各专业间的协作配合面临巨大挑战。因此，本项目必须充分发挥 BIM 技术在机电施工中的优势，推动项目机电施工高效、有序开展。

基于项目实际，机电施工中 BIM 应用内容如下：

（1）利用三维浏览和干涉检查，提前发现存在问题；

（2）通过图模会审，依据设计师和现场工程师提出的方案协调解决问题；

（3）进行管线综合，基于模型输出图纸及构件明细表；

（4）借助可视化三维模型，对施工班组进行施工交底。

具体应用流程如下：

收到图纸—基于图纸创建 BIM 模型—单专业干涉检查—现场与工程师调整深化图纸—多专业干涉检查—召开图模会审会议—现场与工程师调整深化图纸—图纸输出—导出

工程量—现场施工交底。

6. 装饰装修 BIM 应用

在传统二维设计模式下，建筑、结构、机电、装修等专业设计各自独立开展，分别输出图纸，各专业构件间冲突碰撞易发生且难提前规避。本项目各标段完成主体结构 BIM 模型创建后，同步构建装饰 BIM 模型，依托该模型开展装饰施工图深化、设计方案优化及工程量统计等工作。在专业协调方面，各专业三维模型集成于整体模型，可提前发现专业协调问题。BIM 技术应用于装饰施工，可实现参数化建模，精准记录装饰设计数据。通过快速统计分析构件，自动生成施工图表，大幅减少人工操作量与潜在错误，保障工程量信息与设计图纸同步，便于依据统计结果精准把控后期材料用量，对成本控制意义显著。

在本项目施工过程中，设计方、总承建方及各标段等参建各方，打破传统孤立工作模式，积极探索并建立新的协作机制，由总承建方牵头引领，各标段及专业分包单位严格落实，设计方全力配合。

具体应用流程如下：

（1）围绕 BIM 模型开展协调和交底工作；

（2）深化设计过程中用 BIM 模型解决现场问题；

（3）施工阶段通过 BIM 模型反馈和说明现场情况。

同时，根据项目建模标准要求，装饰 BIM 团队将建立的 BIM 模型上传至工作平台中，定期交付给总承建方进行模型检查及图纸审核，工程完成后交付竣工阶段 BIM 模型。

BIM 技术核定流程如下：

施工单位—业主、设计、监理确认的技术核定单—BIM 团队—变更部分创建复核建模深度的模型—进行变更部分各专业间的错漏碰缺复核。

建筑装饰效果的关键在于装饰细节刻画。例如，深化设计时常出现设计立面、剖面图纸不全，难以全面呈现立面信息的情况。因此，本项目在深化设计时，以 BIM 团队为主导，遵循“建模—沟通改图—建模—开会讨论—建模”流程，使装饰模型契合建筑设计师的构思，进而便于深化设计人员和厂家设计人员开展后续深化工作。通过持续沟通交流，解决立面凹凸、弧弦变化位置及形状等方面的冲突，确定复杂建筑的整体立面效果。

7. 幕墙施工 BIM 应用

本项目幕墙施工以塔楼及裙楼幕墙为主，在裙楼工程中占较大的比例，因此运用 BIM 技术辅助幕墙施工至关重要。

BIM 在本项目幕墙工程中应用内容有以下几点。

（1）三维可视化。

BIM 构建的模型，除了用于效果图展示外，更能为业主、设计方和施工方搭建便捷的跨专业交流桥梁，助力各方高效沟通需求与方案。

（2）专业协调。

在整个工程中，幕墙仅为一部分。需及时排查幕墙施工与其他专业工作交界是否存在冲突，若有则调整设计，保障施工顺畅。

（3）成本控制。

基于 BIM 精确的数据，成本管理工作可得到显著优化。

（4）施工阶段的下料。

在施工下料阶段，可借助 Revit 和 Rhino 进行下单操作。

（5）工程量的准确统计。

以 Revit 软件为例，BIM 信息模型相较于传统的二维 CAD 绘图优势显著。它能大幅节省人力和时间，同时保障工程量统计的精准性。

基于裙楼及塔楼幕墙深化设计招标图，对其进行细化、优化与完善，编制专业的幕墙详细施工图纸。同时，对各专业设计图纸进行集成、协调、修订和校核，满足现场施工管理需要的过程，补充和完善原招标图的不足，解决方案设计和现场施工的诸多冲突，保障设计效果的实现。

在幕墙设计中，BIM 具备强大深化能力，可快速搭建设计模板，依托平台自动化实现快速深化。借助参数化、自定义模板、大模型承载、复制模型处理及精细化建模等功能，大幅缩减深化设计时间与变更周期。

建筑幕墙现场结构施工常存在误差，易引发诸多问题，如结构偏差导致幕墙型材按照理论尺寸加工却无法安装。为规避此类状况，深化设计前一般会对现场结构三维扫描，对比钢结构深化模型与现场施工完成后的误差。当幕墙外表皮跟现场结构误差很大时，需依据现场结构调整外表皮并优化设计，明确造型直面、曲面分布，再依据曲面分布和节点构件深化设计，将加工制造信息录入模型并输出加工深化模型及图纸。

幕墙的构造设计既关乎使用功能，也涉及外观美学。在进行幕墙构件深化设计时，除需满足建筑师对建筑的审美功能要求外，还应完全符合建筑幕墙本身的使用功能，可借助 BIM 模型的成本控制与可视化设计功能达成这些目标。

传统幕墙深化设计多依据设计院或甲方提供的结构图、建筑图、幕墙招标图纸的平立面等，不同的位置通过结构软件计算优化分格尺寸，以分格和节点为基准放样出加工图，用于下料加工安装。

完成幕墙系统基础建模后，与钢结构、土建模型合模，借助 BIM 模型开展三维可视化、碰撞检查、模型深化等操作，用以检测幕墙设计及与建筑、机电、钢结构等专业的协调情况。

8. 竣工与维保 BIM 应用

项目竣工移交阶段，传统做法是将项目竣工图纸及相关竣工资料移交业主，作为后期维保、运营维护的依据。但本项目工程量庞大，竣工资料无论是纸质资料还是电子版，数量都极为可观，给业主日后在运维过程中的资料查询造成不便。而且，图纸信息较为分散的。例如，若要查找某个风机资料，首先要找到图纸目录，再依据目录找到相应的平面图、系统图、设计说明、设备表等一系列资料，才能获取该风机的相关信息，而且需要具备一定专业图纸读图能力才能完成，这对业主及物业管理人员要求颇高。

竣工 BIM 模型是与实物基本一致的三维模型，整合了建设全过程信息。在直观可视化环境中，可便捷开展模型漫游浏览、信息“即点即现”、关键字段检索等操作。与传统的竣工图纸查找相比，竣工 BIM 模型极大地提高了业主及维保人员的工作效率和信息的准确度。

基于竣工 BIM 模型，可依据业主的需求开发运维管理系统。竣工项目的 BIM 模型为静态，设计、施工阶段动态信息已沉淀为竣工信息。日常运维产生的设备运行状态、巡检及维修记录等动态信息，与模型形态关联度低，若无改造、扩建等重大变动，一般属于非模型信息的变化。针对此类动态信息管理，可在 BIM 模型之上增设运维动态信息管理系统，促使传统的被动维修向主动维护转变，进而提升物业管理品质和水平。

本项目 BIM 模型信息量极为庞大，若仅在竣工时进行数据收集和验收，难以保障信息完整。因此，自项目启动便针对各标段 BIM 模型及应用成果的提交设定要求，并在项目建设进程中，定期对施工阶段的 BIM 模型和应用成果开展收集、检查与验收。以下是各阶段 BIM 模型成果的验收要求。

本项目运营维护涉及人员众多，且写字楼人员密集，对物业运维管理标准要求较高。为提升物业品质和运维管理效能，可依托项目竣工 BIM 模型，搭建以 BIM 模型为基石、设备设施实时运行数据为支撑、流程应用为驱动的智慧园区 / 楼宇的运营维护平台。该平台在传统物业管理系统基础上，整合 BIM、IBMS 等信息化手段，借助 IBMS 实时采集各类设备运行状态信息，结合 BIM 三维可视化技术，及时帮助业主及维保人员快速定位设施设备故障点位，并凭借 BIM 建筑信息模型提供的电子图纸资料及供应商信息，高效组织设施设备维修维护工作。

9. BIM 技术多元化应用

1）虚拟现实技术

虚拟现实技术（VR）是一种计算机仿真系统能够创建并让人体验虚拟世界。它借助计算机生成模拟环境，融合多源信息，具备交互式三维动态视景和实体行为仿真，可使用户沉浸其中。

虚拟现实技术具有提升建筑设计和施工可视化水平的潜力，但在建筑施工行业落地实施时，因内容资源尚未达到成熟应用状态，难以充分展现其价值。而BIM技术兼具模型构建与数据承载信息，能为VR提供优质内容与落地应用的真实场景支撑。BIM与VR的融合，可有效解决建筑行业“所见非所得”“工程控制难”两大痛点，实现统筹规划具象化呈现，而且系统化的BIM+VR平台还能使建筑施工过程实现信息化与三维化的全面升级。同时，系统化BIM+VR平台能推动建筑施工过程信息化与三维化全面升级。BIM与VR的有机结合，能有力地推动建筑行业信息化的发展进程，让人们对建筑的感知和把控变得更加直观便捷，仿佛建筑就在眼前，触手可及。

为切实贯彻项目样板先行的交底制度，BIM工作站提前针对质量样板区及标准层样板户型建模，在施工前全方位呈现工程情况。针对施工重难点，进行可视化交底与方案论证，并借助VR技术向现场施工人员交底，排查施工中存在或可能出现的问题，由此确定样板展示方案，有效减少实际作业的返工现象。

在土木行业中，受行业特性与技术条件制约，长期以来，人们只能借助抽象的概念、图形及精练语言，来表达丰富信息、描述复杂场景。然而，这种信息传递方式受信息接受者职业、知识结构和理解能力影响，导致交流存在困难。如何更好地展现工程信息成为亟待解决的问题，而VR技术的诞生为攻克这一难题提供了极为有效的途径。VR体验如图58所示。

图58　VR体验

综上所述，基于BIM模型的VR虚拟现实技术的应用，实现了项目的精细化管理，促进了建设项目信息化进程。同时，BIM+VR技术的使用改变了人们长期以来对建设项目的固有印象，提升了项目品位，达到了良好的经济效益与社会效益。

2）增强现实技术

增强现实（augmented reality，AR）技术，是一种实时地计算摄影机影像的位置及角度并加上相应图像、视频、3D 模型的技术。这种技术的目标是在屏幕上将虚拟世界套在现实世界并进行互动。

3）3D 打印

3D 打印属于快速成型技术范畴。它是以数字模型文件为蓝本，运用粉末状金属或塑料等可粘合材料，通过逐层打印的方式来构造物体。硬件选择桌面级 FDM（熔融沉积成型）打印机，耗材为 ABS（丙烯腈 - 丁二烯 - 苯乙烯共聚物），打印精度在 0.1 ～ 0.2 mm 之间（见图 59、图 60）。

图 59　塔楼核心筒区域 3D 模型打印

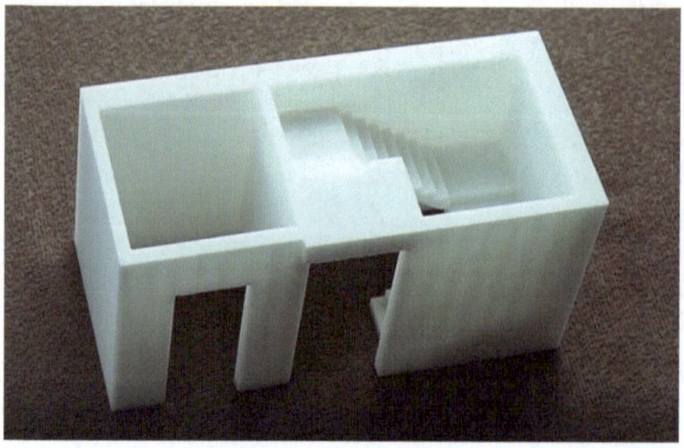

图 60　楼梯 3D 模型

10. 小结

施工阶段围绕 BIM 模型，各部门从专业角度，就图纸问题检查、成本分析及质量安全把控等开展工作。

在施工阶段引进 BIM 技术，能避免施工信息零碎、孤立，把整个系统整合成一个有机整体。以机电工程为例，施工前借助 BIM 技术进行碰撞检查、空间管理和进度管理，有效弥补和改进设计施工阶段的不足，及时解决问题。

目前，通过 BIM 技术已解决超 240 个施工问题，预计节约成本超 300 万元人民币；在节约成本的同时，还间接地提升了工程品质和项目运营效率。

十三、超高层建筑工程垂直运输技术

超高层建筑项目在实施过程中，主要的垂直运输设备有平臂塔式起重机、施工电梯、外立面吊篮等。

其中，超高层主塔配置一台 6 015 平臂塔吊（见图 61），附着于主体结构，塔臂覆盖工作面，末端吊重满足 1.5 t。在施工楼层设置卸料平台，用于楼层间的材料吊装、模板与脚手架不落地、跨楼层周转等作业。

图 61　6 015 平臂塔吊

配置双笼电梯，升降速度为 35 m/min，白天上人，夜间运料，高峰期人员运输采用“隔层停靠”措施。双笼提升机如图 62 所示。

图 62　双笼提升机

在吊篮选择上，香格里拉项目使用外爬脚手架，外立面施工采用吊篮；在 Havelock City 项目采用外挑架，外立面施工跟外挑架施工，局部采用吊篮。外立面吊篮如图 63 所示。

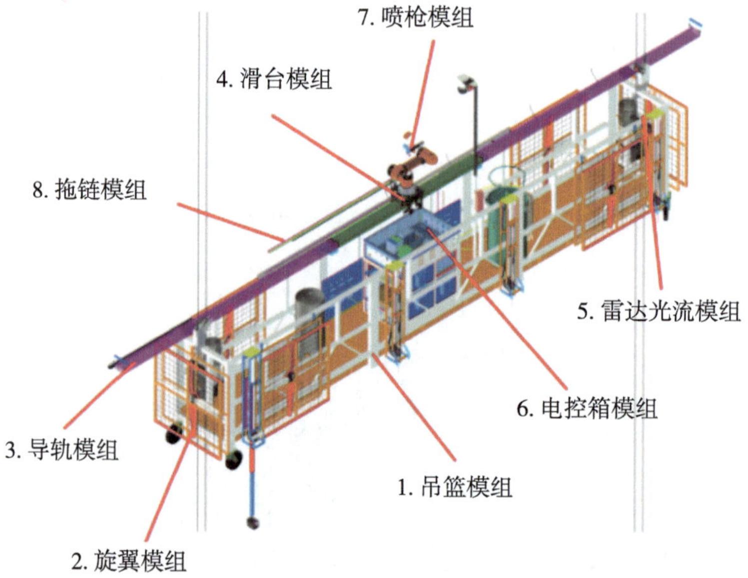

图 63　外立面吊篮

此外，通过外墙擦窗机、永久电梯等“永临结合”措施，辅助室内外人员或材料的运输（见图 64、图 65）。

图 64　外墙擦窗机

图 65　永久电梯

十四、附着式升降脚手架施工技术

附着式升降脚手架为近年开发的新型脚手架体系，适用于高层及超高层建筑。它能沿着建筑物上升或下降。这种体系是脚手架领域的一次技术革新：一是不必多次悬挑工字钢，二是免除了脚手架的拆装工序（一次组装后一直用到施工完毕）且不受建筑物高度的限制，极大地节省了人力和材料的使用，并且在安全角度方面对传统的脚手架有较大改观。它在高层建筑中发挥着极大的优势。

1. 设备介绍

附着式升降脚手架是由架体系统，防坠、防倾系统，升降系统，控制系统及防雷系统等组成的新型脚手架。它可随着建筑结构层逐层爬升，具有防倾覆、防坠落装置，有效地保障了施工人员的人身安全。它整体采用全钢结构，具有集成化装备、低搭高用、全封闭防护、专业安全设备、无火灾隐患等特点。附着式升降脚手架各项系统如图 66 所示。

（1）架体系统——由竖向主框架、水平承力桁架、架体构架、护栏网等组成。

（2）附墙系统——由预埋螺栓、连墙装置、导向装置等组成。

（3）爬升系统——由控制系统、爬升动力设备、附墙承力装置、架体承力装置等组成。其中，控制系统采用三种控制方式：计算机控制、手动控制和遥控器控制，可以通过计算机作为人机交互界面，全中文菜单，简单直观，控制状态一目了然，更适合建筑工地的操作环境。控制系统具有超载、失载自动报警和停机功能。

（4）爬升动力设备——可以采用电动葫芦或液压千斤顶。

（5）防坠落装置——能够在提升动力失效时迅速将架体系统锁定在导轨或其他附墙点上。

（6）防倾覆装置——附着式升降脚手架具有可靠的防倾导向装置。

（7）荷载控制系统——可靠的同步控制系统，并采用无线控制技术。

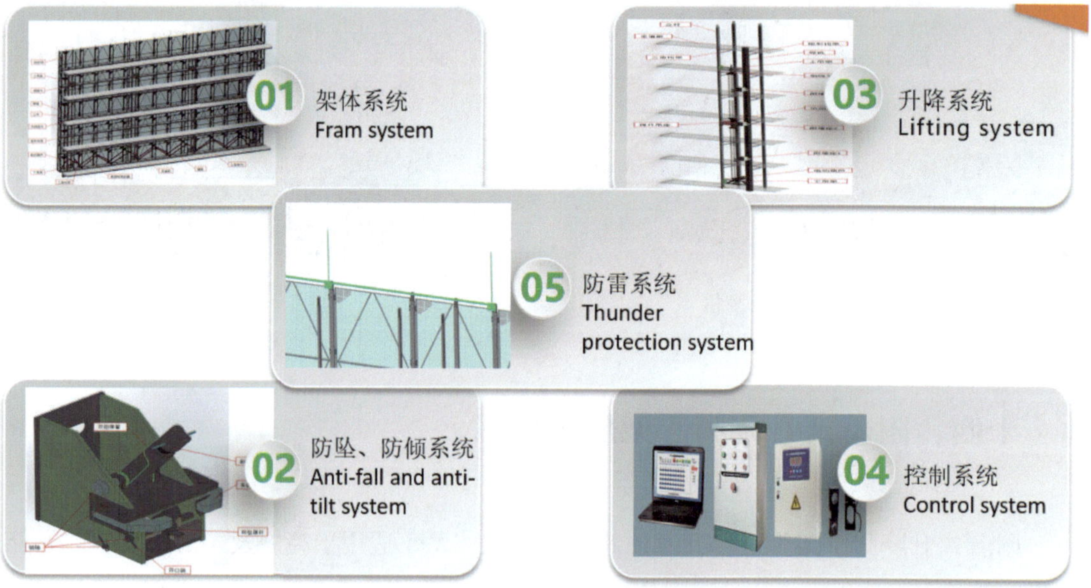

图 66　附着式升降脚手架各项系统

2. 设备特点

集成式附着升降脚手架与传统脚手架性能对比见表 18。

表 18　集成式附着升降脚手架与传统脚手架性能对比表

项目	集成式附着升降脚手架	传统脚手架
安全性能	采用多重附着装置与建筑结构连接，设置多重水平防护，操作人员始终处于架体防护范围之内，可有效防止落物打击和人员坠落	搭设、拆除过程中比较容易出现事故，并且安全网面积大，主体和装修中焊接施工时容易引起火灾事故，安全度低
施工进度	升降速度快，爬升过程中对施工影响较小，施工工序正常进行，不占用吊塔，有助于加快工期；升降一层时间仅用 30 ～ 40 min，可满足结构施工 3 天一层、装修施工 1 天两层的防护需要	搭设时间长，只有在搭设材料供应准时且充足的情况下，才能满足工程进度的要求
经济效益	根据市场价格，本系统价格适中，且楼层越高价格越优，产品维护简单，可重复使用	对 20 层以下建筑有一定的价格优势
材料方面	只需要定量的搭设材料，即可一次搭设安装，并多次升降使用。综合比较，附着升降脚手架比传统脚手架节约钢材使用量 70%，节约施工耗材 30%	使用型钢、钢管、扣件、脚手板、安全网等搭设材料多且消耗量大

续表

项目	集成式附着升降脚手架	传统脚手架
人工耗费	升降时操作环境良好，工人劳动强度小，人工耗费比传统低	搭设、拆除脚手架、铺设脚手板和安全网时需大量的人工
节约环保	系统不会占用施工现场；架下无杂物，施工现场文明规范	在整个施工过程中，大量材料运进运出，架下杂物难以清理，占用施工场地，安全网维护工作量也比较大
检查维修	检查与维护工程量小，可做到每天检查	检查与维护工程量大，耗时较长

3. 安装流程

附着式脚手架安装流程如图 67 所示，各部分示意图如图 68 所示。

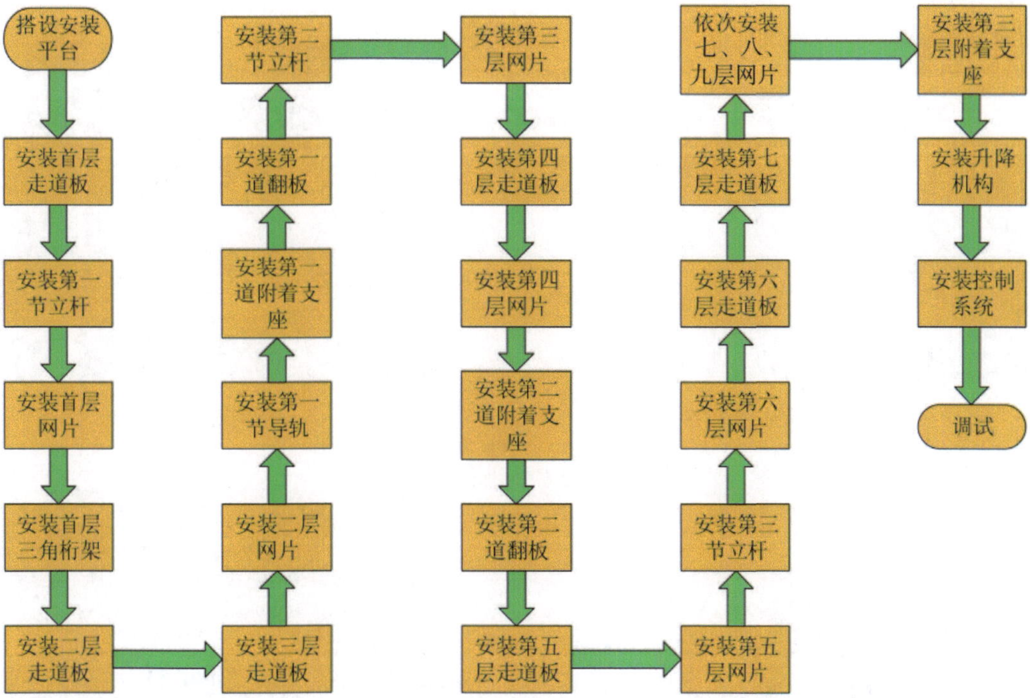

图 67　附着式脚手架安装流程图

其中，安装平台搭设有以下要求。

（1）安装平台应该从标准层开始搭设，平台宽度应该控制在 1.2 ～ 1.5 m 之间。

（2）安装平台搭设立杆间距 ≤ 1.5 m，大横杆步距 ≤ 1.4 m，内排距离建筑物外沿 0.2 ～ 0.3 m。

（3）平台搭设完毕后应有加固措施，应在平台顶部或下步架位置每 3 m 一组水平拉杆对平台进行卸荷加固。

（4）操作平台外侧需搭设 1.5 m 的单排架作为搭设爬架临边防护。

首层安装

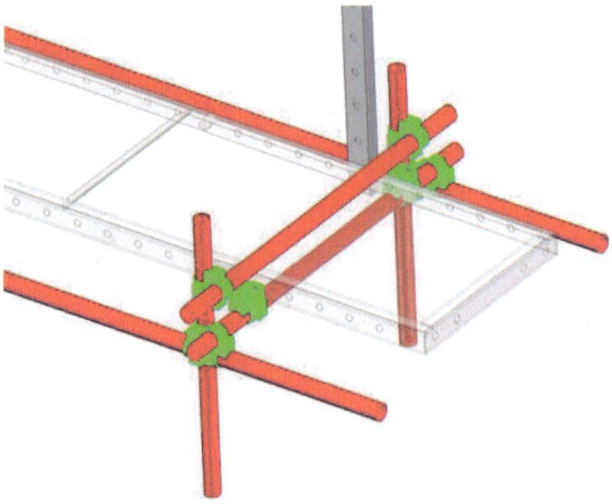
第一节立杆安装

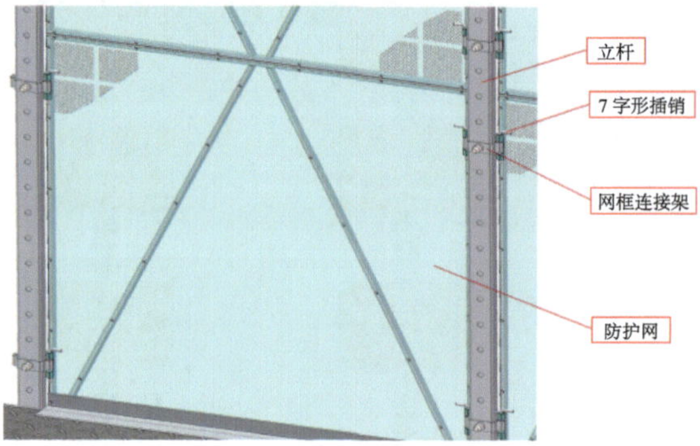

第一层防护网安装

桁架安装

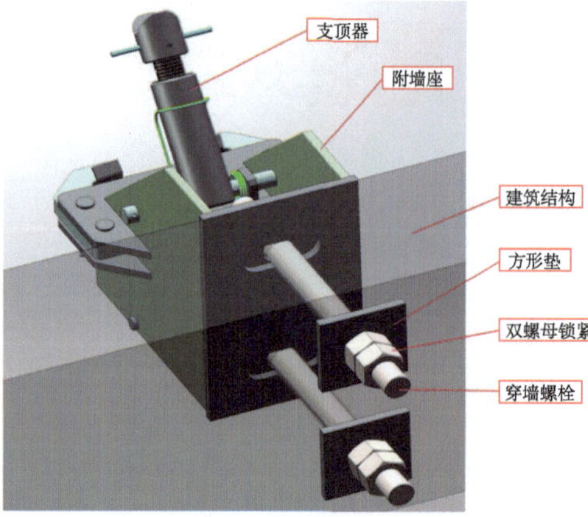

附着支座

翻板、踢脚板安装

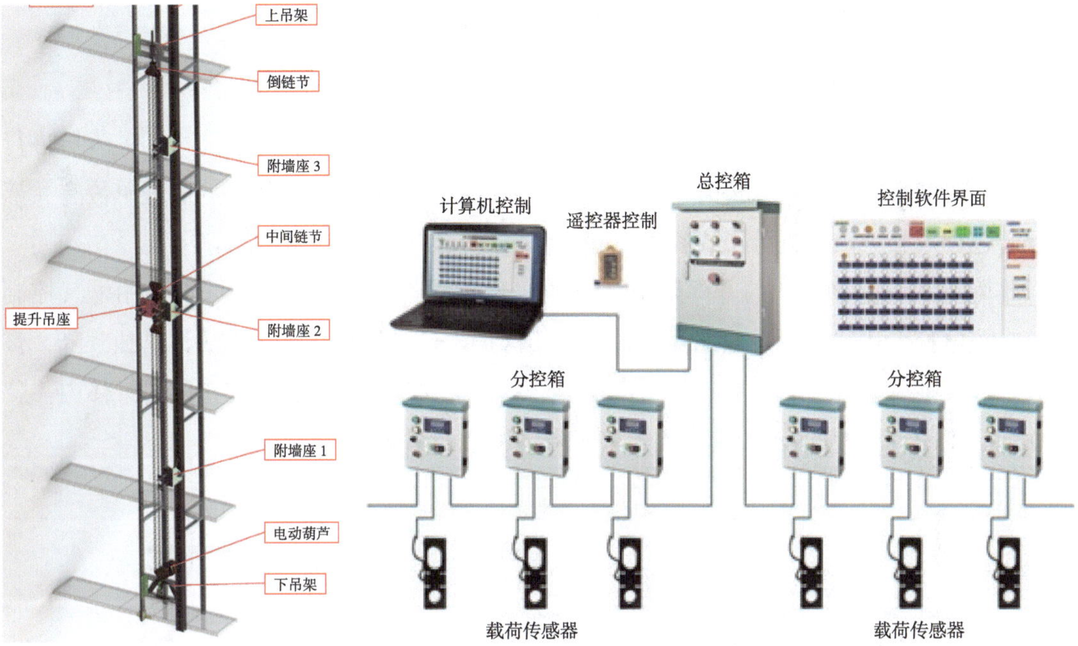

升降机构安装　　　　控制机构安装

图 68　各部分示意图

控制机构安装有以下要求。

（1）在每个分控箱上做好防护措施，可以在上端加块木板。因为现场施工环境比较恶劣，这样做可以延长产品的使用寿命。

（2）所有连接线要始终保持连接在箱子下。因为如果架子处于容易接触到水的地方，而连接线航空插头放在架子上面就可能容易进水，下次再插上的时候就会造成短路。

（3）连接电脑的通信线和通信转换器每次用完后要妥善保管，以免造成损坏。

安装时要注意以下几点。

（1）架体安装分两种方式，一是在结构四周分散装，二是在地面拼装后吊装。

（2）相邻竖向主框架的高度差不大于 20 mm。

（3）当首层走道板安装完毕后，需要对走道板进行加固才能进行下一步安装。

（4）每层安装结束后必须检查连接的螺栓，并全部重新预紧一次，所有连接螺栓必须全部螺栓头朝外。

（5）导轨对接时，必须确保两条导轨对正平齐，然后安装导轨连接件及中间的连接螺栓。

（6）安装附着支座时：①附着支座要和导轨平行安装并确保导轨处于附着支座的正中；②附着支座的穿墙螺杆必须内外加装四方垫片及双螺母。

（7）架体安装完成、爬升前，检查架体螺栓，查看有无少装、漏装情况，同时把所有的螺栓全部复拧一遍，穿墙螺杆及电动葫芦链条加黄油进行保养。

4. 架体提升

架体组装完成，经自检合格后由总包方组织项目部有关部门及分包公司相关人员进行预验收。验收合格后进行试提升。试提升正常后，由总包方组织项目部、监理单位有关部门及分包公司相关人员进行正式验收。验收合格后，方可进入正常使用。

本附着式升降脚手架的升降采用 7.5 t 电动葫芦作为动力设备，并配设专用电气控制线路。该电控专用线路设有漏电保护，错断相保护，过载保护，正、反转，单独升降，整体升降和接地保护等装置，且有指示灯指示。线路绕建筑物一周，架空布设在架体内。爬升立面示意图如图 69 所示。集成式附着升降脚用架如图 70 所示。

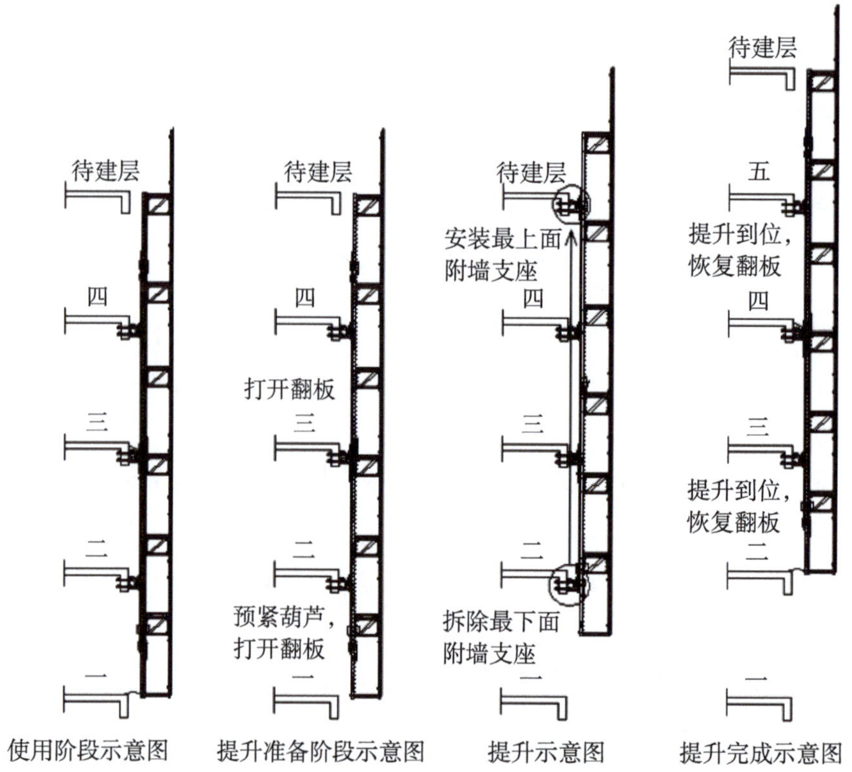

图 69　爬升立面示意图

提升前注意事项：

（1）升降前应做好必需的准备工作。先要预紧提升链条，检查吊点、吊环、吊索情况，附着支座的情况和密封板情况等，并对使用工具，架子配件进行自检，发现问题及时整改，整改合格后方可提升。

（2）附着支座采用 M30 螺栓固定在结构混凝土上，吊挂系统与结构固定可靠，吊挂系统所在楼层为下面数第二个附着支座处（混凝土强度需不低于 20 MPa）。

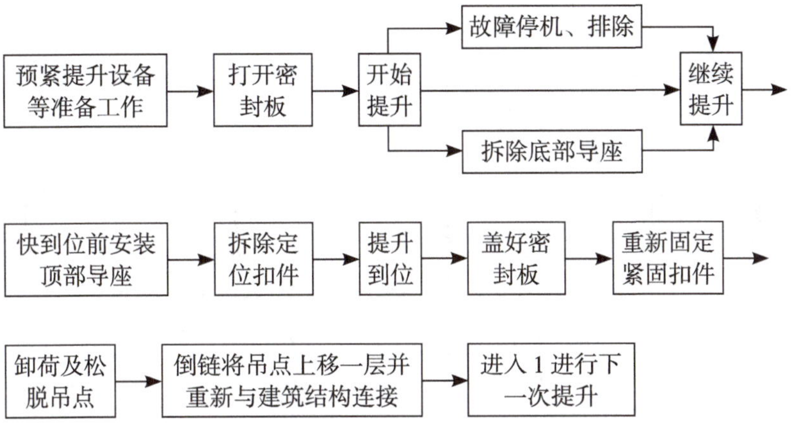

图 70　集成式附着升降脚手架的提升程序

（3）将吊挂件固定好后，电动葫芦固定于吊挂件上，通过电动葫芦下钩将架体勾挂住并张紧链条，让各电动葫芦受力均匀。

（4）上层需附着固定附着支座的墙体结构的混凝土强度必须达到或超过 10 MPa，吊挂系统处的附着处墙体结构的混凝土强度必须达到或超过 20 MPa 方可进行升降。

（5）当每个机位的提升系统良好且固定可靠时，提升链条将张紧预定力，此时准备工作已经完成，请按照《GT-18 型集成式附着升降脚手架每次升（降）作业前检查记录及申请表》的内容认真检查，合格后报项目部验收，经项目部批准后方可提升。

5. 架体拆除

（1）整体升降脚手架使用完毕后，即进行拆除施工。脚手架的拆除施工，原则上是在邻近搭设标高位置进行。拆除前，施工班组应对脚手架进行全面检查，确定无严重变形后，方可进行拆除施工。如遇强风、雨、雪等特殊气候，不得进行脚手架的拆除施工；同时，夜间也不允许实施拆除施工。实施拆除作业班组进入现场后，先行检查加固松动部位，清除架体内垃圾及各种物体至楼层内，严禁直接高处抛掷。

（2）拆除作业按照搭设的反程序进行，即钢板冲孔网—脚手板—外立杆—内立杆—斜撑—连墙杆—导轨—附墙支座。桁架部分按斜撑—上脚手板—下脚手板—内立杆—外立杆的程序进行。

（3）在架体拆除过程中，必须认真做到一步一清，一杆一清，绝不允许分立面拆除或上、下两步同时拆除。

（4）所有连墙杆、斜拉杆、隔排措施必须与脚手架同步拆除，同步进行。所有杆件、螺栓在拆除时应分离，不允许杆件上附着螺栓或两杆同时拆除输送至地面。

（5）所有脚手板，应自外向里竖立搬运，防止自里向外翻起后，板面垃圾物件直接从高处坠落伤人。

（6）脚手架拆至地面，及时清理、分类，杆件、螺栓等材料按类整齐堆放。

（7）架体在高空拆除，为了防止有物下坠伤人，在拆除前整体架底部外挑 3 m 安全网，地面应设置警戒线，并有专人看守；拆除施工期间，警戒区内不得有人员活动。在拆除桁架时，使用塔吊将桁架按单元吊落在地面后再解体，以利于安全及方便施工。

6. 小结

使用附着式升降脚手架与爬升式工作平台进行一体化施工，相比传统施工方式，在安全性、经济性和工期控制上均具有着明显的优势。针对主体结构封顶后才进行装修的常规施工流水节拍问题，提出创新“优化方案”。以 33 层楼栋为例，该一体化施工模式，既缩短了工期，又降低了造价；相较型钢悬挑式脚手架，每幢可节约 50 万元；相较仅使用附着式升降脚手架施工，可节约约 20 万元。

十五、其他方面的关键技术及措施

1. 高水头锚索孔涌水涌砂处置技术

斯里兰卡香格里拉三期项目和 Havelock City 商业发展项目皆为深基坑项目，均采用锚杆支护。在基坑护壁上设置 2 ~ 4 道锚索，施工深度增加时，水头压力增大，开孔及成孔过程中涌水涌砂加剧。为有效控制锚索成孔时粉细砂流失量，可依据涌砂状况，采用防涌砂装置（见图 71、图 72）。

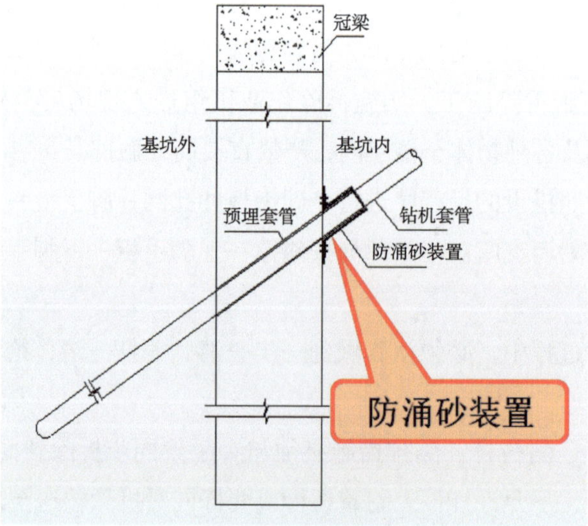

图 71　防涌砂装置安装示意图

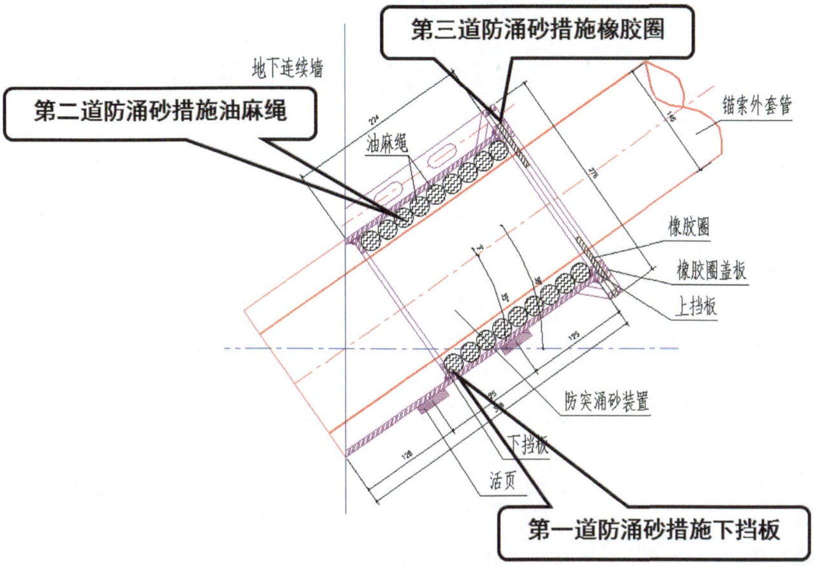

图 72　防涌砂装置工作原理图

2. 高水头基坑坑壁小导管处置注浆技术

在项目西侧紧邻一期工程的上坡道 40 m 范围内，采用超前小导管注浆逐层开挖方案，并辅以基底注浆止水反涌措施。具体如下：

（1）基底注浆控制重点。为确保注浆效果，采用隔孔间歇注浆法，先编制注浆孔，按排序依次编制孔号与排号，横向按从左往右进行。钻孔注浆施工按从小到大推进，每排注浆孔分两序施工，先施作 I 序孔，再施作 Ⅱ 序孔。

（2）注浆异常处理。若注浆过程中出现浆液渗漏，且压力表读数长时间偏小或无读数，可采取限压、限流及短时间（数十分钟）间歇注浆。若效果仍不达标，则进行长时间间歇待凝，随后限流并逐步升压灌注。一般反复操作 1 ～ 2 次即可符合结束标准。

（3）小导管施工应对措施。当遭遇涌水或涌砂导致小导管施工困难时，可采用后退式注浆，即利用钻机钻孔杆作为注浆管，在钻孔至设计孔深后，边注浆边后退钻杆，直至该段注浆结束。若涌水、涌砂情况严重，可根据实际情况采用前进式反复注浆。

斯里兰卡香格里拉三期商场写字楼项目与二期公寓项目

CHAPTER 3

管理篇

一 超高层建筑施工总承包管理研究

二 属地化管理

三 设计管理

一、超高层建筑施工总承包管理研究

鉴于本项目特性，中交三公司决定采用总承包管理模式推进项目管理和施工，特组建项目经理部。

项目经理部依科学管理等原则，选有同类项目经验、业务精且素质高的人员负责管理。

在制度建设方面，项目经理部将构建科学完备的项目管理制度并严格执行；同时，全面优化质量、安全、进度、技术、成本、合约等管理程序，实现工程全流程在甲方与中交三公司的精准管控下有序推进，全力保障项目优质、高效、顺利完工。

1. 总承包与各分包工作界面划分

1）总承包与各分包基本设施界面划分

基本设施界面划分见表 19。

表 19 基本设施界面划分表

序号	协调配合内容	由总承包商完成	由分包商完成
1	临时设施	（1）按施工总平面布置方案搭建整个项目临时设施（包括但不限于临时办公室、仓库、加工棚等），并根据指定分包商的进场时间及施工要求合理分配各指定分包商的临时设施，根据整体施工进度要求挪移 / 拆除该等临时设施 （2）在工程竣工时，拆除该等临时设施，并清理现场 （3）负责解决自身承包范围内不足部分，并承担相关费用	（1）合理使用总承包商提供的现场临时设施，保持其状态良好，并负责修复因自身原因造成的损坏 （2）需自行负责处理自身承包范围内的缺漏之处，同时承担由此产生的费用
2	临时通道	（1）充分考虑整体工程建设需要，合理制订临时通道平面布置方案及通道净空尺寸，以便于各种材料 / 大型设备顺利通过并到达指定地点 （2）审核分包商提供的材料 / 大型设备的进场运输计划，并对不能满足现场运输要求的设计提出意见，以便分包商跟进相关修改 （3）修建临时通道，并负责修复损坏部分，以保障运输通道的安全与通畅；在工程竣工时或按工程进展需要拆除及清理临时通道，以保证下道工序顺利展开	（1）进驻施工现场或进行材料 / 大型设备订购前，需要清楚了解总承包商的施工总平面布置方案及运输通道情况，并据此制订材料 / 大型设备采购方案及进场运输方案 （2）及时提交材料 / 大型设备的详尽进场计划，以供总承包商协调安排临时通道、进场路线等 （3）如因指定分包商没有及时提供进场计划或路线，导致临时仓储、保管及其他相关费用由指定分包商负责 （4）如果现场运输通道设计要求不能满足指定分包商的要求，指定分包商应在业主 / 总承包商同意的情况下，对通道进行修改，并于运输完成后按照原设计要求和标准及时恢复。通道修改、恢复的费用由指定分包商承担

续表

序号	协调配合内容	由总承包商完成	由分包商完成
3	临时水电	（1）完成施工临时水电方案设计，并提交业主审批同意 （2）按审批同意的临时水电方案提供临时水电及相关设施，并进行维修、保养，以保障临时水电系统的安全有效 （3）提供各指定分包商及独立承包商临时水电之接驳点，以便其接驳至各自工作区域施工 （4）承担本工程全部临时供电 / 给排水系统的电费 / 水费，即除总承包工程自身电费 / 水费外，亦包括其他各指定分包工程及独立承包工程之施工、生活、办公电费 / 水费 （5）承担自身及垫付各指定分包商、独立承包商在施工安装、单机调试、系统调试及工程竣工验收等施工阶段，于整体工程竣工验收合格前产生的所有水电费 （6）提供指定公共区域的照明，并负责维修与保养，以保证公共区域照明满足规范 / 业主要求 （7）负责监管分包商正确合理地接驳和使用临时水电系统，并采取有效措施以节约用水用电 （8）若施工过程中永久电已接通，总承包商也应支付自身的永久电费，以及其他各指定分包工程及独立承包工程的施工、生活、办公的永久电费	（1）从总承包商指定的临时水电接驳点接至各工作区域之临时水电分支系统由指定分包商完成，并提供维护、保养。 提供自身工作区域的施工照明，并确保照明度满足安全施工的要求 （2）按总承包商临时水电管理措施正确合理地接驳及使用临时水电系统，并确保临时水电系统不因自身接驳 / 使用 / 维护错误而导致整个系统的不能正常使用 （3）正确合理使用临时水电系统，节约临时用水用电 （4）所有水电费均由分包商自行承担，并向总承包商缴纳
4	文明施工	（1）制定并落实整个工程的文明施工（包括垃圾清运、卫生设施、安全围护、成品保护、安全保卫、消防安全、公共照明、施工扰民、防尘降噪、污水排放、周边交通、材料堆放等）措施与方案，提供文明施工设施，监督及管理施工现场及指定分包商文明施工情况。通过不断完善文明施工管理措施，确保整个施工现场处于安全有序合法的施工状态 （2）对指定分包商进行文明施工进场教育及日常管理	服从总承包商文明施工的日常管理，落实总承包商文明施工管理各项制度
5	垃圾清运	（1）按业主审批同意的施工平面布置方案建造垃圾收集站，并负责按施工要求迁移或恢复 （2）收集、清运总承包工程及厂区的施工垃圾至垃圾收集站，并将整个工程之垃圾（包括指定分包工程、独立承包工程产生的垃圾）由垃圾收集站清离施工现场至政府指定 / 认可的消纳场	按总承包商的文明施工要求收集、清运自身或分包商工程产生的垃圾至总承包商指定的垃圾收集站

续表

序号	协调配合内容	由总承包商完成	由分包商完成
6	卫生设施	（1）为业主、顾问公司和分包商提供足够数量的临时卫生间，并负责保持卫生间及其周边环境的清洁和卫生 （2）于整体工程竣工后，拆除和搬走临时卫生间，并修复现场；按照业主的要求挪移或拆除该等卫生设施	按总承包商文明施工要求正确使用临时卫生间，并协助保持卫生间及周边环境的清洁和卫生
7	安全维护	（1）提供整体工程及总承包工程所需的安全围护措施，包括安全围护网、临时围板、围栏等 （2）提供安全围护措施的维修，以保证其安全有效；在使用后需要拆除所有安全围护措施	（1）提供指定分包工程工作区域及作业面的安全围护，并保证其围护安全有效 （2）根据指定分包工程的施工需要，于总承包商同意后，可对总承包商提供的安全围护进行局部拆除及改造，并于完成施工后拆除及恢复
8	施工安全	（1）根据规范要求，即业主审批同意的施工总平面布置及施工组织设计方案，提供整个施工工程及施工现场的施工安全措施，并定期进行检查、维护，以保证各项安全措施的安全有效 （2）全面负责整个施工现场的施工安全，并对指定分包商进行施工安全管理，落实各项施工安全管理措施 （3）对总承包工程的安全生产责任事故承担全部责任，并对指定分包工程的安全生产责任事故承担连带责任	（1）根据总承包商的施工安全管理措施制定、完善并落实指定分包工程的安全管理措施 （2）指定分包商应接受总承包商的安全施工管理，如不服从管理而导致安全生产责任事故，则由指定分包商承担主要责任
9	安全保卫	（1）负责整个施工现场的安全保卫及治安管理，并选派足够数量的、具有资质的保安人员 （2）制定并落实安全保卫措施，并防止整个施工现场物料丢失 （3）提供业主直接采购物料的施工现场照管，如发生物料丢失、损毁，则由总承包商承担全部责任	提供指定分包工程设备、物料的施工现场保安及照管，采取有效措施保证自身工程的设备、物料安全
10	成品保护	（1）选派足够数量的成品保护负责人员承担整个工程及总承包工程的成品 / 半成品保护 （2）对正式验收合格且已移交给总承包商 / 业主的已竣工 / 部分竣工之指定分包商工程提供成品保护，并对交接后产生的非质量缺陷责任承担全部责任	（1）提供指定分包工程之成品 / 半成品保护，直到验收合格且移交给总承包商 / 业主 （2）在多项工程同时作业时，分包商应各自承担本工程的成品 / 半成品保护。除有充分的理由证明成品 / 半成品之损毁、破坏责任由某承包商承担外，任何分包合同范围内的成品 / 半成品的损毁、破坏均由该分包商承担

续表

序号	协调配合内容	由总承包商完成	由分包商完成
11	消防安全	（1）根据规范要求，提供整个工程的消防系统，并进行日常检查及维修，以确保消防系统的实时有效及可用状态 （2）接受政府主管部门 / 业主的检查，并根据检查整改意见进行修改 （3）制定及落实消防安全管理措施，并对指定分包商进行消防安全管理 （4）制定消防安全应急措施，并教育及指导施工现场所有人员建立消防事故应急处理方法 （5）制定明火作业的管理措施，并监督指定分包商切实执行	（1）服从并落实总承包商制定的消防安全管理措施，接受总承包商的消防安全检查，对消防安全隐患及时进行整改 （2）爱护消防安全系统，不得拆除、损毁任何消防系统设施 （3）出现消防安全隐患应及时向总承包商汇报，并配合总承包商进行整改；对有碍于整体工程消防安全的设施、施工工艺、施工方法，总承包商有权要求分包商进行修改 / 整改 （4）在动用明火施工前向总承包商申请动火证，并经总承包商批准，且配备相应防火设施后方可进行明火施工
12	定线放样	（1）提供整个工程的施工放线及测量 （2）提供整个工程的基准定位点及轴线，并对提供的基准定位点及轴线全权负责	（1）根据总承包商提供的基准定位点及轴线基准线于自身施工范围内进行放线及测量 （2）进行放线及测量之前，需要对总承包商提供的基准定位点及轴线进行复核。如果有任何疑问可向业主 / 总承包商书面提出重新复核的要求 （3）如在放线及测量前未进行复核，则于实际施工中因此偏差或错误而产生的责任全部由指定分包商承担
13	现场食宿	（1）永久性工程内严禁任何人员进餐 （2）除总承包合同另有规定外，永久性工程及施工厂区内严禁任何人员住宿	（1）在永久性工程内严禁任何人员进餐 （2）在永久性工程及施工厂区内严禁任何人员住宿
14	脚手架	（1）根据施工进度要求，提供整体工程的公共地区及电梯井道内的脚手架及总承包工程脚手架，并随时进行加固及维修，以确保脚手架的安全。电梯井内脚手架必须按照电梯的施工计划安排，并满足电梯安装需求 （2）根据总承包工程及指定分包工程的需要，及时调整脚手架的高度，以满足施工要求；使用后需要拆除脚手架	（1）合理使用总承包商按施工进度要求提供的公共地区及电梯井道的现有脚手架，且不能因自身工程的需要而对脚手架进行拆改及迁移 （2）提供指定分包工程作业区域及工作面的脚手架（唯电梯井内脚手架由总承包商提供），并保证脚手架的安全，且于使用后拆除脚手架 （3）如果总承包商已按施工进度计划拆除公共地区的脚手架，那么指定分包商需要根据自身工程需要重新搭建脚手架

续表

序号	协调配合内容	由总承包商完成	由分包商完成
15	垂直运输	（1）按业主审批同意的施工现场总平面布置方案及施工组织设计方案提供垂直运输机械，包括塔吊、临时电梯（包括临时租赁电梯及供施工用的永久电梯）等大型垂直运输机械 （2）提供大型垂直运输机械的进出场、预埋、基础、组装、调试、维护、保养等全部工作，以确保大型垂直运输机械可以安全正常使用 （3）根据整体施工进度和指定分包商的施工进度计划，合理安排和协调大型垂直运输机械的使用，以最大限度地保证主体结构工程 / 关键工序的施工进度 （4）业主有权对大型垂直运输机械的有效使用提出合理要求，以保证整体工程的施工进度	（1）根据施工进度计划向总承包商提出大型垂直运输机械的使用计划 （2）合理使用总承包商提供的垂直运输设施，并负责修复由自身原因引起的损坏
16	仓储保管	（1）根据业主审批同意的施工现场总平面布置方案，提供适配的材料仓储及周转场地 （2）工程竣工后拆除及清理仓储、保管设施	（1）根据总承包商提供的材料仓储及周转场地搭建临时仓库，并负责保修、消防及安全 （2）若总承包商提供的材料临时仓储及周转场地不能满足指定分包商工程的需要，则指定分包商应自行于施工现场外租用临时仓库及周转场地，以满足施工进度要求
17	预埋件	（1）根据指定分包工程的要求及其提供的图纸，预留预埋件安装所需位置 （2）于预埋件工程验收合格且移交给指定分包商，总承包商应保证预埋件不会因总承包工程的施工而引致任何偏移	（1）在浇筑混凝土或砌筑施工前，及时提供分包工程预埋件施工图纸予总承包商 （2）若总承包商已按照分包商提交的预埋件施工图纸正确施工，则任何错误和缺陷均由指定分包商承担
18	预留洞口	根据总承包工程设计要求和分包商提供的图纸及设计要求，在混凝土 / 砌体结构上正确留孔、洞、槽	（1）在进行混凝土 / 砌筑工程深化设计前，及时向总承包商提供于混凝土 / 砌体结构上需预留之孔、洞、槽的施工图纸，且双方应对图纸的正确性签字确认 （2）按规范及设计要求填充及恢复预留孔、洞、槽，并达到下一道工序施工交验要求 （3）如果总承包商已按照双方签字确认的图纸要求正确预留了孔、洞、槽，则预留孔、洞、槽的任何错误、缺陷均由指定分包商承担

续表

序号	协调配合内容	由总承包商完成	由分包商完成
19	竣工资料	按城市档案馆及规范要求，收集、整理并向档案馆提交合格竣工资料	协助总承包商提供涉及指定分包工程的所有报验、竣工验收资料，并于竣工验收合格前移交给总承包商
20	政府批准	（1）总承包负责工程的各项开工、施工、竣工的政府批准的申请与审批，并缴纳相关的费用 （2）协助指定分包商办理政府部门的合法施工的各项审批手续，并提供相关的证明文件与配合	自行办理政府部门有关资质、注册登记、材料、设备等有关手续，以保证指定分包商工程的施工合法性

2）总包与机电专业界面划分

（1）给排水工程。

室内给水管道的施工；设备房雨水管道和室外埋地雨水管道的施工；室内排水、卫生洁具、室外污水管道施工；污水、雨水管道与市政接口的接驳；消防水池套管、消防水池等均属于总包施工范畴。

（2）消防安全范围。

①室外消防管道和室外给水管道（入建筑物出地面 1 m）。

②室内消火栓管道、室内喷淋管道及设备、附件的施工。

③设备房内水泵、稳压系统等消防设施的施工；设备之间、与消防水池、与室外管道接驳等涉及的管道施工。

上述均属于分包施工范畴。

（3）电气工程。

①变配电施工单位范围：高压线路与市政的接驳（含管线开挖、恢复，管线敷设，电缆井施工，混凝土包封施工，标识桩设置等）；高低压配电设备的购置与安装；成套设备的高低压检测，变配电的报审、竣工验收备案。

②消防范围：设备房内水泵控制柜、稳压控制柜等专用控制箱柜的购置和施工；室内外消防火灾报警系统；气泵、风机应急起动等与消防有关的调试；消防设施检测；项目消防专家论证、消防设计审核、消防竣工验收备案（含消防验收缩微费）。

③柴油发电机厂家范围：柴油发电机本体、油管、油箱、烟囱、消音设施的安装和调试，并负责指导总包单位进行浮充、起动、水套加热等控制线路的接驳。

上述均属于分包施工范畴。

分包单位（消防、弱电、绿化等）与总包在交通、食宿、资料申报、文明施工、施工用水用电、物资管理等方面的界定。

①交通：各分包单位自行解决。

②食宿：各分包单位自行解决。

③资料申报：各分包商编制自身施工资料，工程验收合格后移交总包。总承包商验收合格后接收技术文件，统一归档，并缴纳一切存档费。禁止向业主或分包商进行追加或摊派，相关费用由总承包商在投标报价时单独列项计取。

④文明施工：各分包商负责自身工作范围内的文明施工管理，服从总承包、监理及业主的统一协调和指挥；总承包单位负责总体协调和管理。

⑤施工用水用电：总包单位负责生活区的水电接入，并负责施工区域内水源点（总水源）、电源点（二级箱）的布置。各分包单位负责将总包水电接入点处接引至己方施工区域。水电费用由各分包单位和总包单位协商解决。

⑥物资管理：总包单位和分包单位各自负责施工用机具、材料、设备、贵重物品的管理。

2. 总包对分包的管理、协调、配合措施和方法

1）总包对深化设计的管理

深化设计管理是总包管理的核心职责之一。总包商将完善及深化由设计单位提供的施工图纸，审查机电分包单位的深化设计图纸，同时负责组织所有的分包商绘制和报审施工深化图及大样图，并负责总体配合协调工作。为保证深化设计的顺利进行，项目总包部将设置深化设计部，对包括钢结构、机电、幕墙、精装修等在内的深化设计进行统一协调，以确保深化设计中各专业的技术协调，避免各专业工种在施工中产生矛盾。

（1）深化设计管理的重点。

深化设计管理重点事项见表 20。

表 20　深化设计管理重点事项表

序号	专业	管理重点
1	机电工程	（1）在进行机电工程各专业施工前，将责成各专业分包按照图纸深化设计及送审计划中的时间安排，并将其所属专业图纸及施工详图报送总包。总包选派具有丰富现场施工经验的专业技术人员，根据各专业设计规范及施工验收规范先对图纸进行审核，及时发现设计中的不足，将意见反馈给相关专业分包，并责令其再次调整修改图纸，直到符合国家标准规范的相关要求；然后，将审核后的图纸报送给监理、设计、业主公司进行初审 （2）专业深化图纸得到批复后，机电工程总包单位负责绘制综合机电协调图、综合机电土建配合图及大样图，经项目总工程师审核后，加盖审核章，提交设计单位、监理、业主单位审批。若未得到相关方批准，机电工程总包单位将根据批复意见，再次修改，直至相关方一致审批通过。总包将通过审核的有效图纸（综合机电协调图、综合机电土建配合图、大样图）发送各自相关分包商

（2）机电深化设计的主要管理工作内容。

机电深化设计主要工作内容见表 21。

表 21 机电深化设计主要工作表

序号	主要管理工作内容	核查重点
1	系统负荷校核	设备参数确定
2	预留洞口	预留操作空间
3	消音降噪	降低值
4	设备减振	减振器选择
5	设备基础布置	减振基础台架的计算
6	机房安装大样	维修空间的预留
7	风量平衡计算	风机选型
8	水系统水量平衡计算	水泵扬程、管路压力等损失
9	管道伸缩节设置及计算	伸缩量及设置位置
10	风口综合布置	配合精装修
11	变配电深化设计	二次线路、电缆通道、接地
12	发电机房详图设计	供回油、排烟、冷却、降噪、与变电所配电设备联动控制系统
13	各层面电力平面图、防雷接地图	桥架线槽规格、行走路径、标高调整、土建墙体留洞、电缆路径、各配电间等详细布置
14	各层面照明平面图	根据装修情况调整回路容量
15	照明系统及平面图	收集业主需求并实现
16	公共空间机电管线协调布置	满足安装、使用空间、净高要求
17	各建筑独立空间机电功能配置	设备布置接驳点位布置

（3）深化设计管理的流程。

①施工方案的管理与审查。

②编制时间控制及进度计划审查。

③方案编制时间审查。

④对工程进度计划的审查。

⑤施工程序安排的审查。

⑥施工机械选择的审查。

⑦主要项目的施工方法审查。

⑧强制性条款审查。

⑨施工平面布置审查。

⑩安全性审查。

⑪ 总包对机电工程质量的管理。

深化设计管理流程如图 73 所示。

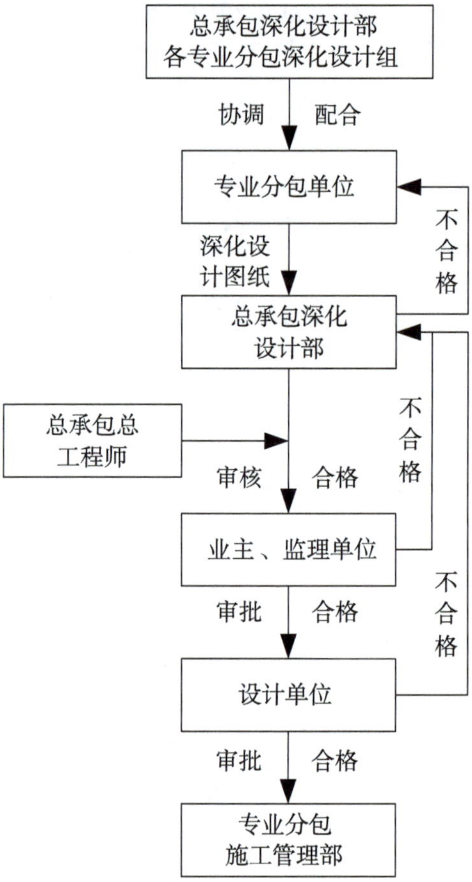

图 73　深化设计管理流程

2）总包对分包单位的要求

对分包单位质量保证体系的要求有以下几个方面。

（1）分包单位应当明确项目施工质量目标，并符合总包质量总目标的要求。

（2）分包单位应当明确项目施工质量计划，符合业主计划要求及总包总进度安排。

（3）分包单位应当完善思想政治保证体系，以全面质量管理理念，强化全员质量意识。

（4）分包单位应当建立组织保证体系。必须建立健全各级组织，分工负责，做到以预防为主，预防与检查相结合，形成一个有明确任务、职责、权限、互相协调和互相促进的有机整体。

（5）分包单位工作保证体系。通过施工准备阶段、施工阶段、竣工验收阶段进行质量控制，可确保工程质量。

3. 总包对进度计划的管理

编制总包工程施工总控进度计划，确定工程总工期，给出阶段性控制节点工期，以工程总进度计划为主线，把所有指定专业分包施工进度计划都纳入到总包统一计划体系当中，建立立体保障计划管理体系，执行分级计划控制制度，制定总包协调管理办法，确保在总包有序高效的管理下如期高质量完成任务。

4. 总包对进度计划的控制

1）工程进度协调管理办法

计划、统计人员密切协作，通过现场统计日报和周报，将实际进度与计划进度相比较，在结构施工阶段每月进行一次进度跟踪分析，并把跟踪结果通报各有关承包商。

通过总体调度会、专业调度会、与项目管理公司及监理的协调会等协调各方的关系，通过会议纪要确定由何人何时解决何问题，并在下次会议中检查追踪落实情况。

在编制计划（特别是总控制计划）时，必须对施工方案有所了解，并对各专业的施工计划进行综合协调。计划人员与技术、机电及专业分包人员积极协商。

2）工程进度的主要控制措施

（1）系统性控制措施。

系统性控制见表22。

表22　系统性控制表

序号	具体工作	具体措施
1	审核批准分包的具体施工进度计划	分包提报确保工期进度的执行计划，经总包审批后实施；通过对分包执行的审核批准，使施工总进度计划在各个专业系统领域内得到有效的分解和落实
2	调度管理工作	（1）检查作业计划执行中的问题，找出原因，并采取措施解决 （2）督促供应单位按进度要求供应资源 （3）控制施工现场临时设施的使用并按计划进行作业条件准备 （4）传达决策人员的决策意图并发布调度令 （5）建立定期巡查制度和每周工程例会制度
3	进度计划调整	关键线路调整、非关键工作时差调整等
4	实施奖惩制度	总包根据上月要求完成的单项工程控制节点目标进行检查，对未按计划完成的予以处罚，以对工作不力的分包起到惩戒的作用。同时，总包有权保留对分包的工期索赔权
5	施工进度报告	每月定期由总包编制并提供业主一份月进度报告，包括以下内容：本月完成实物工程量及形象进度说明；相应于计划的实物工程量完成比例；各分包劳动力投入情况；材料、设备供应情况；工程质量状况；施工安全状况；工程款支付情况；合同工期执行情况；存在问题及处理措施；下月计划安排；反映工程主要形象进度的工程照片
6	其他工作	协助业主提前对各专业分包和直接分包进行招标定标；督促各分包按照总进度计划提前进行材料样板的报验及审批，并督促其设备机械及时进场

（2）阶段性控制措施。

阶段性控制见表23。

表23 阶段性控制表

阶段	阶段性进度管理措施
施工进度计划	（1）总包人有权要求各专业分包人和独立专业分包人提交专业分包工程的各类施工进度计划，并统筹审核各专业分包工程的进度计划；有义务通过组织协调有效解决不同专业分包工程、直接发包工程不同施工交叉作业的配合施工问题，确保各专业分包工程施工进度能够按照工程总进度计划实施 （2）专业分包人有义务接受总包人对进度计划进行调整的意见，并按照调整意见落实现场劳动力、材料、施工机械等的供应配合情况
暂停施工	因专业分包人原因造成总包人项目停工的，总包人承担责任，工期不予顺延。总包人可按专业分包合同向专业分包人追讨损失
工程竣工	总包人督促专业分包人和独立专业分包商按计划办理工程竣工，并对专业分包人竣工予以积极地配合，因总包人未能及时提供必要的配合工作而导致专业分包工程和独立专业分包商不能按计划办理工程竣工的，总包人承担主要责任
工期管理	（1）总包人重点对总进度关键节点工期进行控制 （2）总包人应审核各专业分包工程和独立专业分包人的施工进度计划，并有义务根据工程总进度计划调整各专业分包工程和独立专业分包人的进度计划和施工配合，确保各专业分包工程和直接发包工程能按主体工程的关键节点工期按计划完成 （3）总包人应对各分包的施工提供必要的协助，以确保各分包能够按照经审定的进度计划执行。同时，总包人有义务对各分包进行监督管理，纠正进度负偏差，协调专业分包人和独立专业分包商之间的关系，保证主体工程与专业分包工程、各专业分包工程之间能协调前进

（3）总包对机电分包协调内容。

总包对机电分包协调内容见表24。

表24 总包对机电分包协调内容表

序号	协调类型	协调措施
1	施工进度控制和计划协调	根据总施工进度计划，总包协调机电分包编制机电专业施工进度计划及各种辅助计划，协调控制各分包的图纸深化设计进度、设备材料送审进度、分包商及设备材料进场时间，组织协调机电分包进行系统调试及联合调试，保证对整个施工过程的全局掌控，将本工程如期优质交付给业主： （1）根据本项目施工进度总计划，制订机电分包的施工进度计划、月进度计划，并将其上报业主及监理单位。检查、督促这些计划的如期执行 （2）采取有效措施，加强对机电分包的施工进度的控制和管理，如组织召开例会、机电分包协调会、机电与装修协调会、室外机电施工协调会等 （3）对图纸审批、设备材料送审及到场的进度，做统一控制和管理 （4）保证与业主、设计、工程监理、工程顾问及各相关方的沟通渠道畅通 （5）组织或参与有关分包商的招标及合同条款拟定的工作过程，统一安排各专业分包及设备材料的进场、退场时间及相应施工周期和合理的施工作业区域，落实相关的经济责任，确保交叉施工组织得有条不紊

续表

序号	协调类型	协调措施
2	图纸深化设计、送审的组织与协调	（1）编制图纸深化设计送审计划： 因机电专业繁多，综合机电协调图绘制的基础是各专业分包商应基本完成相应专业深化设计图纸。在深化设计协调过程中，各专业出图时间衔接、工作内容配合尤为重要。机电分包深化设计工作的有序同步进行，直接影响综合机电协调图绘制的及时、顺利进行。因此，总包根据工程的实际需要，将编制图纸深化设计及送审计划。该计划包含了图纸深化设计完成时间、送审时间及批复完成时间。同时，总包还将根据合同文件的要求，对图纸深化设计的标准、深度，以及送审图纸的形式、送审图纸的数量等方面，对各分包商做统一规定 （2）图纸深化设计及送审的组织协调管理的工作内容包括： ①根据制订的图纸深化设计及送审计划，组织协调各专业工程的图纸深化设计工作；组织协调各专业工程的图纸会审及设计交底工作 ②审核各专业工程的深化设计图纸、绘制并送审机电综合管线深化设计图 ③协调各专业工程，根据现场实际情况，完成竣工图的绘制工作，筹备竣工图
3	设备材料送审及物资进场检验	为了确保本工程质量，我公司将本工程范围内各机电工程的设备材料送审纳入总包协调管理的范畴，以保证物资材料从样品送审、物资订货，以及物资材料的进场检验均在总包商的监督下进行，以满足项目总施工进度计划及施工质量的总体要求
4	工序管理协调	（1）按照施工进度计划，进行机电分包与土建和装修的工序协调管理，明确机电分包各工序的施工次序、时间进度，确定详细合理的工序和安装计划，组织各有关专业工程有序地施工 （2）监督和协调机电各专业间、机电与土建装修间的各工序的交接验收管理，加强工序间的交接验收，对专业间、工序间互相提供交接的内容（如紧固件、套管、预埋件、基础和附件等）严格控制，杜绝遗漏 （3）机电系统调试中的各调试工序协调管理，先由机电分包对本专业进行单机调试，单机调试验收后再按照机电调程序逐步进行机电联动调试，保证调试验收工作的顺利有序进行
5	工程质量控制协调	（1）根据项目质量计划和质量保证体系，要求机电分包建立起完善的质量保证子体系，将机电分包纳入项目统一的质量保证体系，确保质量体系有效运行，并定期检查质量保证体系的运行情况 （2）质量的控制包括对图纸深化设计质量、施工方案质量、设备材料质量、现场施工质量及工程竣工验收资料的质量控制 （3）机电图纸深化设计期间，组织协调各专业工程，按照原设计规定规范、标准对图纸深化设计过程进行全方位的监控。确保图纸深化设计质量，使其满足合同约定的工程规范的要求。加强各专业工程的技术管理，强化对机电系统的综合协调力度，以确保图纸深化设计及送审工作的顺利如期完成 （4）分专业编制详尽的施工方案，重要设备及特殊工艺的安装操作，要单独编制单项施工方案，如冷水机组和变压器吊装方案、发电机施工方案等 （5）对设备材料送审、送样及物料进场检验工作进行监督管理与控制 （6）对于各专业工程的施工质量，如电气专业配电箱的安装高度不符合规范及设计要求、灯具安装的水平度与垂直度不符合规范要求、通风空调专业的风管接缝不严密、风口与风管连接不严密、与装修面配合不紧密等，从过程实施到竣工验收，全程控制把关，严格控制各专业的施工工艺标准，确保其符合设计及相关工程规范的要求，从而保证整体工程验收质量 （7）督促和检查机电分包工程技术文件，整理施工及竣工的工程技术资料，使其符合竣工档案移交业主及政府机构的要求

续表

序号	协调类型	协调措施
6	机电系统调试的组织协调	总包在机电各系统安装基本完成后，组织协调各分包商，筹备机电各系统的调试及综合联动调试工作： （1）为保证机电系统调试及综合联动调试的有序顺利进行，总包将审核确定各机电专业提交的系统调试方案及调试计划，并编制机电系统联合调试计划提交监理及业主审核，以确保该计划的合理有效实施 （2）以专题会及现场会的形式，组织协调各专业的系统调试及验收，使专业间的衔接与管理协调有序。例如：调试区域的高压电是否能送电，配电箱柜是否已经调试完成。可以让弱电系统采集到电参量、室外排水管线的提前开通运行，可保证空调水系统的试压及冲洗工作等 （3）督查相关专业的系统调试完成情况，为机电系统联动调试提供前提条件，编制机电系统联动调试方案，保证调试有条不紊进行 （4）审核、监督机电分包系统调试及联动调试中的试验、检验报告及相关验收文件的准确、有效，使之符合竣工档案的要求，如是否在调试过程中对电机的运行转速、电流、电压进行测试，并做好调试记录等
7	工程造价管理与成本控制度协调	（1）对影响工程顺利进行的有关应急技术措施、应急施工配合，施工图在施工过程中的紧急修改等工程状况，提请业主、监理报批，并同时做好资料收集工作 （2）根据本工程施工进度计划，核查实情，进行工程款拨付的具体实施 （3）对于能有效节约工程成本，并能保证工程质量的技术措施，进行经济技术比较及核算，并将技术经济比较报告上报业主审批，由业主选择最佳实施方案
8	安全生产管理协调	（1）根据项目安全生产管理统一规定，对机电分包的安全文明生产进行统一管理 （2）督促机电分包安全生产措施的落实，定期对机电分包的作业人员，进行全员安全生产教育及安全交底 （3）负责机电分包安全文明生产的日常检查
9	与机电工程交付有关的工作内容协调	（1）负责竣工以前机电设备及设施的成品保护监督管理工作，并对已完成的机电设备安装区域进行有效封闭管理，直至竣工移交 （2）竣工移交前，根据业主要求，做好各机电系统、设备的竣工培训工作，保证培训效果 （3）组织协调分包单位编制各机电系统《设备操作维修手册》 （4）根据编制的保修方案，协调各专业分包，组建保修小组，并履行合同约定的保修责任 （5）建立定期回访制度

（4）总包对机电分包配合内容。

总包对机电分包配合内容见表 25。

表 25　总包对机电分包配合内容表

序号	配合类型	配合措施
1	施工所需标高、轴线	（1）为确保工程质量，整个工程的标高和轴线将由技术部统一管理、统一测量，因此我公司将根据施工进度情况和各机电专业的需要，提前或随时提供施工所需要的标高和轴线。此外，我公司还将同时提供标高点示意图和轴线控制图 （2）为每个机电机房提供至少一个标高基准点，如机房面积单间超过 2 000 m^2，应提供两个以上标高基准点，标高基准点进行实测后与室内精装修、电梯关系协调

序号	配合类型	配合措施
2	临时施工用水、用电	确保在每个施工区域内有效的临时用水用电接驳，以此满足机电专业的施工需要以及机电单机联合调试
3	工程竣工资料的复核、归档	（1）在机电分包施工前，我公司将向机电分包提供工程技术资料整理规范，进行相应的技术交底 （2）在施工过程中，每月检查一次机电分包工程资料的收集和整理情况，重点检查机电分包的管线的隐蔽记录，并随时提供咨询或其他各专业公司要求的服务 （3）竣工后 20 天内协助机电分包完成本专业的工程竣工资料的编制，在 30 天内由总包统一整理归档，并向业主提供符合国家档案部门要求的规格编制成册的竣工图及有关技术档案资料
4	垂直运输	根据本工程施工需要，在施工现场设置的塔吊可随时为各机电单位施工人员上下及物资设备的吊装提供服务。总包已经对各机电单位的运输能力做了充分的考虑，可满足整个工程的需要
5	穿孔、穿洞后的修补	机电分包在施工过程中需要的各种小型穿孔、穿洞，如因设计变更需要穿楼板或墙体的管道、桥架等，将给予积极配合并提供便利条件，及时提供施工工作面等，同时在机电分包的小型穿孔、穿洞完成后，我单位将立即组织人员在下道工序施工前将孔洞修补完毕，如在机电分包安装完穿楼板的管道后，及时将洞口与套管间的缝隙修补完，好让机电单位做管道穿楼板的防火封堵
6	专业公司施工安全措施的检查、验收	（1）协助机电分包单位编制安全施工方案并复核、检查、验收各机电分包单位的施工安全措施是否有效 （2）对不符合国家、省、市及安全施工方案要求的措施发出书面整改通知，必要时将派人员协助整改 （3）定期对机电分包的临时用电、高空作业和安全防护等安全管理情况进行检查并发出书面检查通报
7	办公场所	在施工现场将为机电分包按照要求提供办公用房
8	仓库及材料堆放场所	必要的材料堆放与周转场地和仓库是施工生产的重要保证，因此我公司将根据机电分包的进场情况，在施工总平面布置中，充分考虑机电分包的线管、风管、机电设备、电缆等材料堆放与周转场地和仓库
9	施工现场文明施工管理	（1）按照属地安全文明施工样板工地的要求，制定安全文明施工方案，对施工现场实施管理，并对各机电单位进行方案交底 （2）对施工现场内的临时水电、施工道路、仓库、材料加工堆放场、办公用房、垃圾站等统一规划，按施工平面布置图，分阶段予以调整和管理 （3）施工围墙、现场标语、标记实行统一标准，并定期进行检查评比（每周一次） （4）由总包管理部的后勤部和质量安全部负责施工现场的安全及文明施工管理，并为各专业公司随时提供咨询服务或人力、物力支持
10	公共设施的提供及维护	（1）我公司为机电分包提供公共设施，包括：公共照明、厕所、垃圾间、施工道路等 （2）现场将设置专职保安人员，为机电分包的人员及物资设备提供保卫服务 （3）提供的公共设施由总包方负责建造和维护

续表

序号	配合类型	配合措施
11	施工工作面协调	（1）在总包组织架构中设置机电工程管理团队，由具有丰富管理经验的机电工程师组成，按期组织机电工程协调例会，协调机电工程与其他工程之间的关系 （2）将负责工程次序、时间进度的相关工作，确定详细合理的工序和安装计划，积极主动地了解各机电单位的施工难度和施工需要，对不同单位交叉施工出现矛盾的地方予以协调，主动找出解决的办法 （3）隐蔽工程施工前，给予机电分包足够的时间放置电缆、电线管、其他管道、预留配件等 （4）协调机电分包，确保该工程能够在预定空间安装，各线管、电缆桥架、母线及风管等不会在互相之间或与建筑物结构工程或装饰产生矛盾。如果出现矛盾，应及时协调并能在进度计划的时间内完成 （5）根据不同的施工阶段，如结构施工阶段、安装施工阶段、装饰施工阶段、设备调试施工阶段等，确定不同的施工重点，对重点施工工序予以有效协调，积极创造施工工作面，确保各专业工程的顺利进行。例如，在机电工程中的冷水机组安装较为重要，在冷水机组未就位以前，总包应协调途经冷水机组运输线路的墙体可在冷水机组运输到位以后再砌筑；冷冻机房也有大量大口径的管道引出，可协调管道途经的墙体待管道安装完成后再砌筑，或砌筑时预留足够的管道安装操作空间 （6）妥善协调同层排水系统与装修土建机电的工艺设计关系 （7）若有相关设计变更及时通知机电分包，以便机电分包及时根据设计变更进行相应的深化设计，避免材料加工制作与现场结构不一
12	对建筑结构的要求	（1）总包依据孔洞预留图预留时，应保证孔洞尺寸及位置准确 （2）建筑与结构要根据各个房间的功能，使之完全满足机电工程的各项要求。如需负责配电间、高低压变电室、电梯机房的防水工作，要采取严密措施防止渗漏水，并随时处理上述房间的渗漏水缺陷和隐患

5. 总承包对施工安全的管理

（1）安全及文明施工管理。

（2）对分包单位安全生产管理体系的要求。

①分包单位根据现场实际情况，建立健全安全管理组织机构体系，完善组织内人员的职能分工。

②分包单位必须配备满足工程建设所需相应的管理人员，配备专职安全员及专职安全防护队伍，并保证人员必须到现场。不得在工程以外的项目或地方兼职。

③分包单位必须明确安全管理控制目标。

④分包单位必须遵守总包单位安全生产管理制度并建立自身的安全生产管理制度。

⑤分包单位必须明确安全生产责任制。

⑥分包单位必须保证安全生产资金的保障。

⑦分包单位必须建立完善的安全教育、培训管理制度。

⑧分包单位必须建立安全生产、文明施工和消防安全奖罚制度。

⑨分包单位必须编制项目应急救援预案和响应措施，并具体组织落实。

对分包方案生产管理要求见表26。

表26 对分包方案生产管理要求

内容	管理要素	管理职责	输出内容
分包单位进场资格审查	审查分包单位的经营、施工资格；审查分包经济承包合同；审查分包单位的合法用工手续及劳务合同；审查三证登记；审查分包单位的安全施工能力	合同由商务部、安全环境管理部编制，项目经理审批	备案分包人员注册表、分包特殊工种操作证、分包资质、分包单位安全生产资质
分包人员进场安全教育	分包人员进场时进行总包级（公司及国家地方法律法规、标准）、分包级（项目安全要求、执行条例）、班组级（各工种安全注意事项）安全教育、安全考核，填写人员教育卡	安全环境管理部编制，项目经理审批	教育记录 考试卷 工作记录
合同管理	签订安全施工协议书	合同由商务部编制，项目经理审批	安全环境管理部门备案协议书正本
过程教育	安全总监每周一组织安全例会； 各班组长每天开工前组织班前教育； 针对特殊工种、设备使用人员、特殊部位施工人员、季节性施工前进行专项安全教育； 现场存在重大隐患、安全管理松散、发生伤亡事故及未遂事故时进行安全教育等	安全环境管理部、各施工管理部编制，总包执行经理审批	施工过程监控 检查记录
过程控制	向分包单位签发现场管理规定、安全问题的认可及处罚规定	安全环境管理部编制，项目经理审批	施工过程监控 检查记录
综合评价	填写《分包商年度评价表》中安全评价部分	安全环境管理部编制，项目经理审批	安全管理合格的分包单位有资格进入合格分包商目录

安全生产是总承包在整个施工过程中管理工作的关键环节，承担着从始至终的安全管理责任。

总承包及各专业分包单位应建立以项目经理为首的安全生产领导小组，负责组织、领导开展安全生产活动。

企业的法人代表与总承包项目经理签订安全责任状，明确双方在安全生产中的责任、权利和义务，以及具体的安全生产考核指标。

依据项目法施工要求，总承包经理需与各专业分包单位经理签订安全生产协议，以明确安全生产责任和指标。

总承包及各专业分部业务主管部门负责人（含专业工程师）需与各专业部门的业务人员，各专业负责人和业务主管部门人员需与作业班组、特殊工种作业人员，分别签订安全生产协议书。构建起从经理到生产班组纵向到底、各职能部门横向到边的责任体系，确保全体职工掌握安全知识、增强安全意识。

各专业分包单位进场前，必须签订各级安全管理协议，尤其是专业分包单位的安全协议。安全协议签订后，由项目经理（安全工程师）负责监督检查本协议落实情况，保障安全考核指标达成。

6. 总承包对质量的管理

施工过程中，定期开展全面质量检查和质量问题分析会。各分包需每月定期向总包提交质量月报表，以便掌握工程质量动态。运用科学数理统计分析方法，剖析质量发展趋势，借助组织、技术、合同、经济措施，实现对“人、机、料、法、环”五大要素的有效控制，保证工程的整体质量。

将各专业分包工程按施工准备阶段、施工阶段、交工验收阶段进行划分，各阶段按计划、执行、检查、处理（PDCA 循环）对分解目标进行操作。在分包施工过程中，收集、整理质量原始记录，分析质量状况和趋势，针对性提出改进措施，通过把控工序施工质量提高整体质量。

质量目标遵循国家及现行质量标准，确保所有分包工程一次性通过政府验收，工程符合国家、地方、行业现行规范。若规范有差异，按最新、最高标准执行。

分包进入现场三日内上报组织机构图，设置专门质量监督人员，遵守总包管理制度，施工前向总包报送工程实施方案。坚持样板引路制度，施工前按技术规范制作施工工艺样板，经总包、监理、业主验收合格后展开大规模施工。

分包单位需按合同保证工程质量达标，未达约定质量标准时，总包有权要求分包缴纳质量违约金。若分包当月分部、分项工程一次验收合格率低于 80%，总包发出警告信；连续两个月低于 80%，总包可处以 1 000 元罚款。

总包每月会同监理、业主，针对每月完成的工作量进行质量检查工作，并对发现的质量问题进行汇总；每个月组织质量会议，对质量缺陷进行分析，减少质量问题。

在施工过程中，针对业主、监理、总包提出的质量更改问题，分包必须在限定时间内更改完成，并及时通知业主、监理、总包进行验收。

材料进场后必须由业主、监理、总包单位进行联合验收。需要做试验的材料，必须按照规定做好试验工作。未取得试验合格报告之前，所有材料不得入场。

工程施工中，及时向总包提供所有施工资料，包括人员、材料、设备等，并且做好资料清单。后期退场时，材料出厂必须拿出材料清单。

7. 总承包对施工机具设备的管理

所有进入施工现场的机械设施的使用应遵循以下几个方面。

（1）施工机具的使用必须符合有关施工机具安全操作规程及安全用电要求，并且施工机具不得带病工作。

（2）施工现场使用的机具、设备、仪器都必须经过厂家的检验和当地第三方的检测，并出具检测报告。

（3）所有使用的机具外壳必须绝缘且符合要求，所有使用的电源线必须为符合要求的电源线，不得使用其他电线代替。

（4）所有的机具必须做到“一机一闸、一漏一箱”，三级配电箱的配量必须符合要求，漏电保护开关漏电电流应该小于 30 mA，漏电动作时间小于 0.18 s。

（5）进入现场的施工机具必须自觉接受总承包方的机械管理人员的检查，对检查过程中发现不符合施工要求的施工机具必须立刻停止使用，同时立即要求分包方更换。

（6）施工机具严禁带电移动，接、拆线路必须由专业电工进行操作。电工必须持有电工证，并且按时参加总包的安全用电培训。

8. 总承包对工程材料的管理

根据现场临建布置和现场文明施工要求，各个单位的材料堆放点由总包统一规划。各单位进场的材料必须符合下列要求。

（1）材料堆放管理：总承包统一规划现场材料堆放场，明确各专业的材料堆放区域。各个分包必须在指定的区域分类码放，并且做好材料标记。

（2）易燃易爆物品，不准在建筑内放置。必须在总包规划的场地内搭设符合要求的库房进行储存。须设专人管理，库房位置应该远离明火，不得置于高压线下。库内采用防爆灯具照明，库外摆放灭火装置，并且张贴禁止吸烟标志。

9. 总承包对工程的文件和资料进行管理

（1）各分包单位需设置专职资料员，负责资料的收集、整理、报送、存档工作；按照总包对文件技术资料归档的要求进行整理归档。

（2）各分包单位必须按照总包规定的程序接收和报送文件、资料，否则，由此造成的一切后果，总包均不负责。接收和报送的规定如下。

①业主及监理下发的各类文件，先由总包资料员登记留底，再经项目经理审阅后，下发至各有关单位。

②业主及监理直接交给各专业分包的各类文件、资料，各专业分包在收到文件、资料后 48 小时内必须到总包资料室登记。

③总包对分包单位的管理要求：对上报资料的意见、会议通知、会议纪要等，将以通知单形式下发给分包，分包必须根据其要求及时处理，并将处理结果及时向总承包汇报。

10. 总承包对工程竣工及验收的管理

针对工程规模大、施工工艺复杂等特点，总承包督促各分包单位在装修工程后期，协同质量部门拟定收尾竣工验收计划，并制定出保证计划顺利实现的措施，详细列出验收工作和监督督促检查工作的重点，落实到人。

（1）专业分包单位的经理必须组织人员逐段、逐部位、逐房间进行检查。检查施工过程中有无丢项、漏项，一旦发现立即组织人员定期解决，并做好竣工资料的收集和整理工作。

（2）由总包总工程师主持，质量部门依据各分包单位汇报的验收计划，统筹安排并组织对工程质量及验收资料开展全面检查。对不符合要求的，即刻安排整改。重点监控机电专业的调试工作。

（3）调试前，机电分包单位应编制调试计划，做好供电、供水工作准备，检查调试资料是否满足设计要求，消除影响功能的缺陷。

11. 小结

通过实施上述多种分包管理模式，项目实现了对各分包的有效管理，成功规避了分包管理可能引发的安全隐患、质量缺陷、验收受阻及现场秩序混乱等问题，确保项目在严守质量与安全底线的同时，如期推进建设进度。

二、属地化管理

1. 属地化管理的意义及目的

项目属地化管理是指在他国进行施工时，遵守并执行所属国法律法规，使项目管理合理化、科学化、规范化，让项目管理变得简单有效，在提高项目生产效率的同时，实现公司在属地的持续化发展。项目属地化管理是一种公司管理范畴，涵盖了国内项目管理的所有方面，通过各类策略和方法对项目的人员、材料设备、信息、工作方法等进行科学的管理，以体系保障管理，以管理组织执行，以执行实现目标的过程。属地员工风采见图 74。

图 74 属地员工风采

2. 项目属地化管理的必要性

1）协同作战，开拓市场

项目属地化管理形式丰富，无固定模式、方向和领域。以斯里兰卡为例，因该国规定需具备本国施工资质才可承接工程，所以需要与属地施工企业合作。可围绕项目组建联营体，开展地区化经营，具体可通过兼并、购入股份等方式协同作战，开拓市场；也能收购属地施工企业，在保障项目运营的同时拓展其他施工业务。

2）成本控制

从经营方面分析，在项目管理中，中方作为管理主体，以项目为核心，侧重利用属地员工开展经营工作，能有效降低经营成本，助力实现利润最大化。

从人员成本方面分析，在境外项目中，中外员工薪酬差异明显。用属地员工代替部分中方员工，不仅有效削减项目运营成本，还能借助属地员工与当地相关部门建立良好的合作关系，使其深入了解并熟悉当地法律、政治环境及社会关系网络。斯里兰卡总统与项目中方员工亲切握手见图 75。

从物资管理方面分析，材料设备的采购综合考量质量、价格、售后等要素，应将中方传统采购模式与属地采购模式有机结合，高效推进属地化采购，以便大幅降低项目运行成本，有效缓解项目资金压力。

图 75　斯里兰卡总统与项目中方员工亲切握手

3）降低风险

属地化经营可通过与属地企业组建联营体，借助当地法律体系的保障，有效降低法律和税务风险。在财务风险管控方面，一方面可要求分包商或供应商提供保函，规避支付预付款后的潜在风险；另一方面，利用属地员工对本地市场的熟悉度，对合作方进行全面评估，进一步降低财务风险。此外，凭借属地员工对当地法律政策、政治环境及社会生态的深入了解，能够有针对性地规避法律、政治及社会等多方面风险，为项目平稳运行筑牢防线。

3. 项目属地化管理存在的问题及措施

1）文化差异

由于思维方式、价值理念、文化信仰，以及受教育程度的不同，文化差异成为属地化管理的主要问题。属地文化雕像见图 76。

应对措施：遵守我国的法律规定、文化信仰，并结合属地的法律法规、文化信仰等，建立健全的属地化项目管理体系，有针对性地建立属地化项目管理制度。项目管理制度的制定要一视同仁，保证制度的公平性和可实施性。

图 76　属地文化雕像

2）属地人力资源管理

本地员工普遍文化程度较低，多数工人缺乏施工经验，主要依赖入职培训弥补技术经验短板，且工作能力和管理能力不足，需在工作实践中摸索，积累经验。

应对措施：秉持本土化管理，由属地员工负责管理属地作业队及工人。运用中方传统的“传帮带”模式，在入职培训和岗位培训基础上，开展言传身教的带徒活动，营造“比、学、赶、超”的工作氛围。依据属地法律，制定作业队奖惩机制和管理办法，每月对各作业队产值进行排名，实现优胜劣汰。将作业队员工工作表现与薪资待遇紧密挂钩，充分激励项目员工与作业队的工作积极性。

3）物资采购

对于项目的机械设备、大宗材料等需要采购的物资，必须按照合同要求进行采购。

应对措施：针对机械设备，若合同无特殊规定，项目可采用以租代购、融资购置或要求分包自带等方式获取。对于大宗材料的购置，需综合考量境外进口与境内采购渠道，从质量、价格、售后等多维度进行全面比较分析，择优而取。当各渠道条件差异较小时遵循就近采购原则，同时注重与供应商建立长期互信合作关系。

4）加强工作沟通

语言沟通是保障生产的基础。

应对措施：斯里兰卡官方语言为英语，翻译的选择应以华侨或留学生为主，但日常工作中仅仅依靠翻译难以达到预期效果，中方员工学习英语日常用语必不可少。需确保工作思路统一，沟通与反馈准确无误。通信时可借助微信即时翻译功能，各类翻译软件也不可或缺。为外籍员工安排工作后，应为其制定工作计划，定时跟进工作进展，既不能过度催促，也不能疏于管理。

5）公司对项目管理

根据项目所在地的国情差异，国内外项目资料要求千差万别。

应对措施：国外项目与国内对接时，遵循项目属地要求以保障正常施工。国内要求上报的资料，很多在属地并无需求，制作这类对现场施工无实际指导意义的资料，既加重中方人员的工作负担，又无助于施工及经验总结，应摒弃墨守成规的思想。建议按项目属地要求的资料上报国内，深入熟悉属地建筑行业，并针对属地国家建立资料库，方便国内了解属地要求，掌握当地建筑行业动态，助力项目在当地发展与市场开拓。

6）社会问题

中资企业在斯里兰卡施工生产已多年，工会问题、社区居民用工问题、社会公益等社会问题不容小觑。与属地员工一起包粽子见图 77。

图 77　与属地员工一起包粽子

应对措施：开工前，与相关工会及社区居民代表谈判时，需提前拟定理想目标，不能任其摆布。聘请专业法律顾问邀请属地政府参与，分阶段展开谈判。选择政府或警察局附近作为谈判地点，保障人身安全。将工会及社区居民安排至非技术、非关键岗位，合理把控其用工比例，确保即便出现罢工情况，也不影响施工生产。

4. 小结

属地化管理方式丰富多元，远不止上述所及。项目属地化管理应因地制宜，它既是项目平稳生产的基础，又是项目可持续发展的重中之重。通过属地化管理，可充分整合属地人才、物资资源，融入当地环境，有效削减项目成本与风险。加强项目属地化管理，是中国施工企业开拓海外市场的有力手段，更是其在海外工程领域扎根立足的必经之路。

三、设计管理

随着建筑行业的发展，施工总承包已经难以充分满足客户的要求，越来越多的客户选择设计施工或设计、采购、施工的合同模式。

斯里兰卡临港公寓项目是中交三公司实施的第一个规模较大的海外房建设计施工总承包项目，设计单位的选择和管理直接关系到项目的施工进度和成本控制。因此，设计单位的选择和管理将是本项目的管理重点。

1. 设计单位的选择

鉴于海外项目所在地的独特性，精心挑选设计单位十分关键。本项目部全面考量现有设计院资源、前期投标阶段协作状况及合作配合程度等因素。经综合评估，选定熟悉英标设计规范且配合度高的新加坡盛誉咨询设计公司（综合设计院）作为主设计单位，承担项目扩初和施工图设计任务。同时，为使设计图纸契合当地规范，聘请合作基础良好的 ACS 作为当地设计咨询顾问，对主设计院各阶段图纸开展符合性审查。

此外，因设计院位于新加坡，前期仅配置一名设计代表，且受疫情影响，难以随时赴施工现场解决问题及向业主当面进行阶段性汇报。为保障设计管理工作高效开展，项目部聘请两名具备丰富国际大项目管理经验的马来西亚籍工程师，分别担任设计经理与精装经理，对项目设计进行全流程管理。其中，设计经理需在设计图纸报审前进行审核。

2. 设计单位管理

在项目设计管理中，设计单位要主抓成本控制和进度管理。管理项目设计工作如图 78 所示。

在成本控制方面，运用限额设计方式，合同中与设计院明确约定项目钢筋、混凝土等主材的设计用量，并制定相应奖惩措施，确保设计工程量处于可控范围内，从而实现项目总成本的有效控制。

在进度设计管理方面，在制定总计划的前提下，运用全面多专业参与，加强和设计院各专业的沟通，通过每周至少召开 2 ～ 3 次设计协调会的方式，加快设计协调工作，落实设计进度。设计工作流程如图 79 所示。

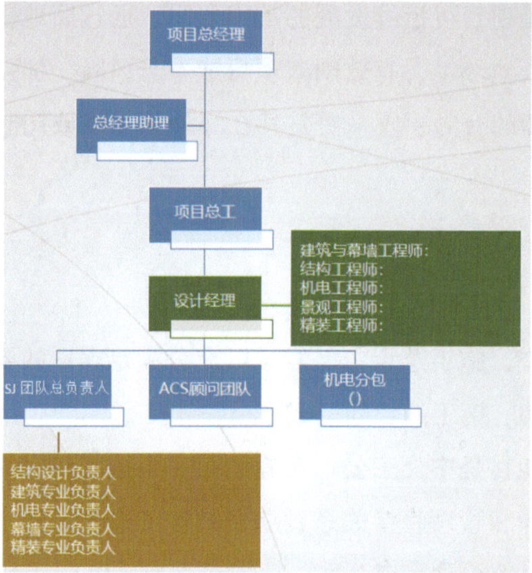

图 78　管理项目设计工作

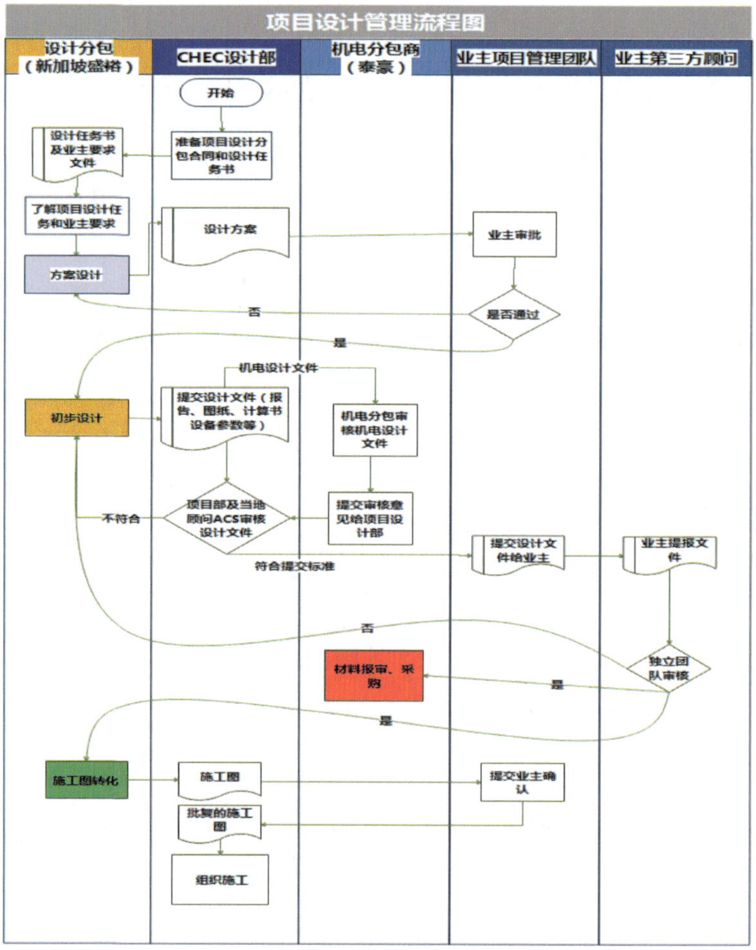

图 79　设计工作流程图

在设计变更管理方面，要积极与业主沟通，尽早确定和控制变更项目，以确保设计进度不受变更影响。

3. 设计图纸管理

在设计图纸管理方面，项目部对设计院管理和对业主上报的图纸均制订详细图纸清单和台账，并每周更新，以确保图纸状态可控。同时，对项目内部和分包单位的图纸下发，均通过正式文件进行分发和流转，保证有效图纸能够第一时间到达实施人手中，减少图纸使用错误的风险。

4. 注重设计优化

鉴于本合同为固定总价合同，为更好地控制项目成本，项目部联合设计单位、业主方对业主概念设计中部分进行设计优化，具体如下。

（1）改变地下室水箱高度，取消屋顶消防水箱。

（2）将电管预埋，改变成点对点模式。

（3）通过将中压发电机变成低压发电机，可以减少电线平米数。

（4）降低室内结构梁板的混凝土强度。

（5）分段降低塔楼混凝土强度等级。

（6）采用预制板墙代替砌筑，减少湿作业的同时，减小竖向构件荷载。

（7）采用防水混凝土代替 GCl 防水毯进行施工。

5. 小结

相较于传统的施工总承包，设计施工合同模式必须在设计团队选择及设计优化上严格把控，从而达到降低项目成本的目标。

斯里兰卡香格里拉三期商场写字楼项目与二期公寓项目

CHAPTER 4

未来技术发展趋势篇

一 整体液压顶升钢平台配合顶模或爬模技术

二 多功能低碳绿色混凝土

三 钢结构施工

四 结构仿真分析及健康监测

五 超高层建筑装配式施工技术

一、整体液压顶升钢平台配合顶模或爬模技术

整体液压顶升钢平台配合顶模或爬模技术，现已成为国内超高层施工的主流围护与提升系统，也将被国际建筑公司应用于后续高层及超高层项目施工。

该技术适用于内筒为钢筋混凝土核心筒、外筒巨柱，且巨柱与核心筒通过钢梁连接、外筒楼板采用组合楼板形式的建筑结构。

1. 顶升系统介绍

顶升系统由支撑柱、支撑梁、液压油缸、支撑牛腿、可调节短柱等五部分组成，如图 80 所示。

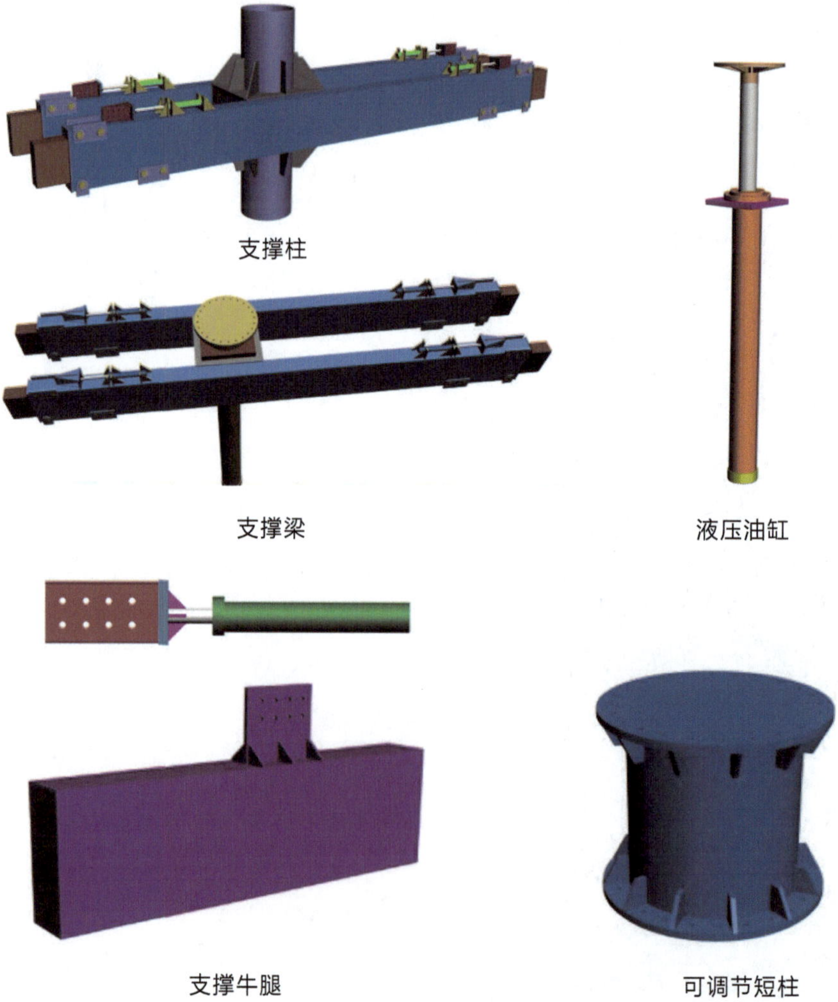

图 80　液压顶升钢平台各部分模型图

2. 平台系统介绍

平台桁架是由主桁架、次桁架、连系桁架通过螺栓与销轴连接而成。在桁架上方铺设钢板，并在临边洞口设置内外防护设施，从而构成封闭的施工平台。该平台设有钢筋堆载区域，钢结构焊接器具堆载区域、消防水箱，顶模系统智能化控制机房、移动厕所、休息棚等。同时，它也是各种施工机械的附着体，如布料机、施工电梯等。施工平台模型如图 81 所示。

图 81　施工平台模型图

3. 平台系统构成

平台系统由主桁架、次桁架、连系桁架、平台堆场、走道平台等构成。施工平台平面如图 82 所示。

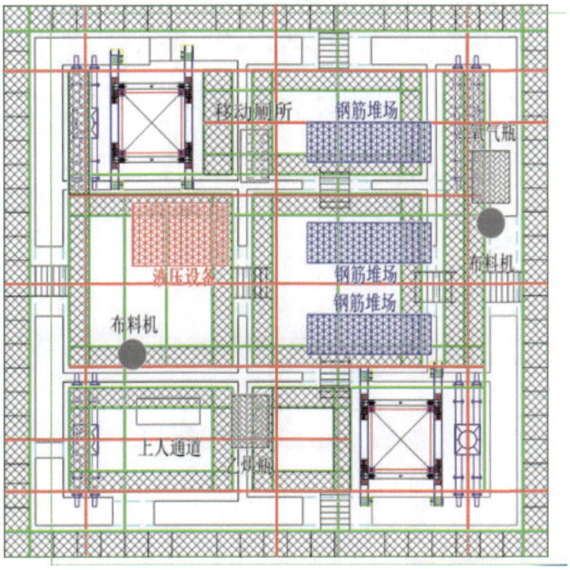

图 82　施工平台平面图

4. 模板系统

模板系统由标准模板、非标准模板、阴角模板、竖向补偿模板、背楞及对拉螺栓等组成。模板系统模型如图 83 所示。

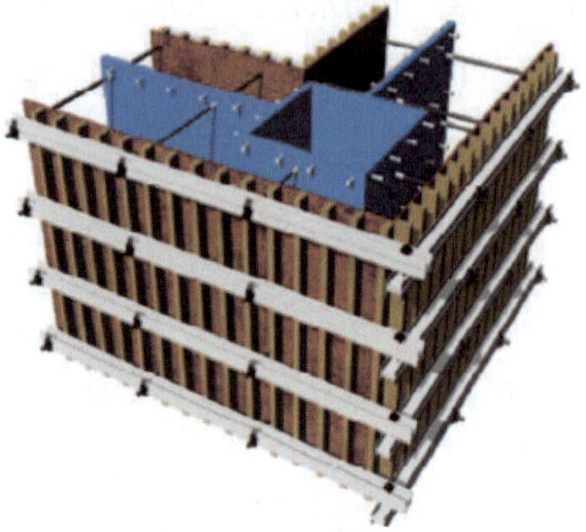

图 83　模板系统模型图

5. 顶模挂架与防护系统

挂架系统由竖杆、横杆、钢板网防护、水平走道板、可翻转踏板及上下楼梯等组成。挂架分为外挂架和内挂架两部分，外挂架共设六步，内挂架共设五步，覆盖三个结构层，为工人提供绑扎钢筋、支设及清理模板、清理墙体洞口、埋设预埋件等的操作平台。顶模挂架立面如图 84 所示。防护系统模型如图 85 所示。

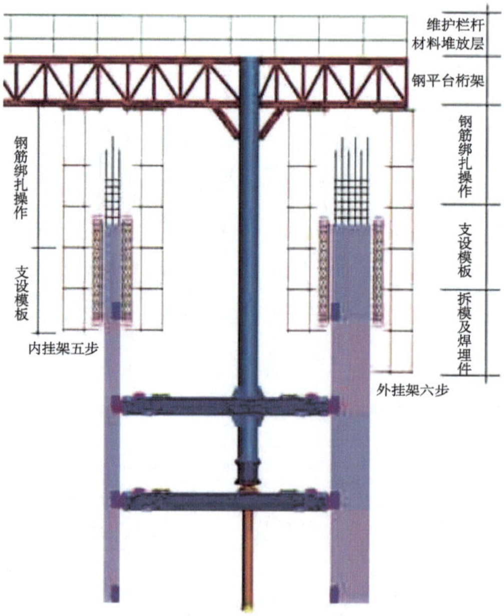

图 84　顶模挂架立面图

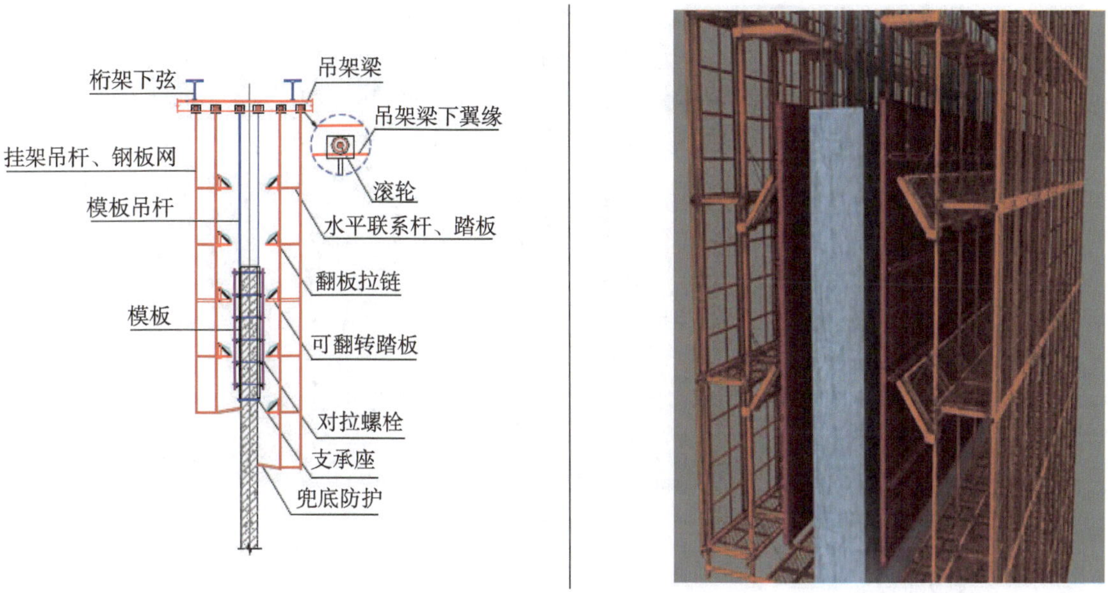

图 85　防护系统模型图

6. 钢平台顶模技术优点

（1）最少顶升点。

依据核心筒特性设置 3 ～ 4 个顶升支撑点，可最大限度地弱化支撑立柱与核心筒墙体的作用关系点，同时最大限度降低核心筒变化对本系统的影响，减少高空模板调整频数，大幅提升系统适应性。顶升支撑点位如图 86 所示。

图 86　顶升支撑点位图

（2）低位顶升。

顶升立柱支撑牛腿支撑在新浇筑混凝土的下二层结构层，可以避免因混凝土早期强度达不到顶升要求而造成的间歇，缩短了施工工期（见图 87）。

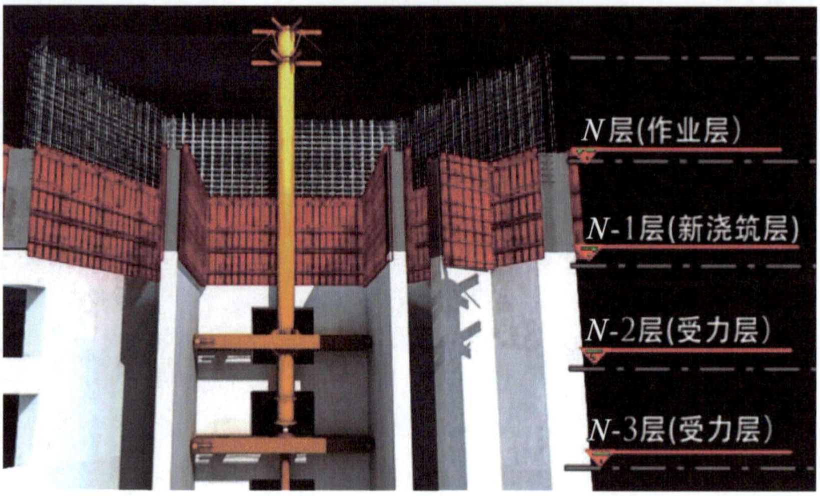

图 87　低位顶升图

（3）液压油缸选型。

采用长行程、大吨位的顶升油缸，一次顶升高度为 5 m，顶升力 300 t，顶升 5 m 高度仅需 2 个小时，减少顶升程序，使得顶升速度显著提高（见图 88）。

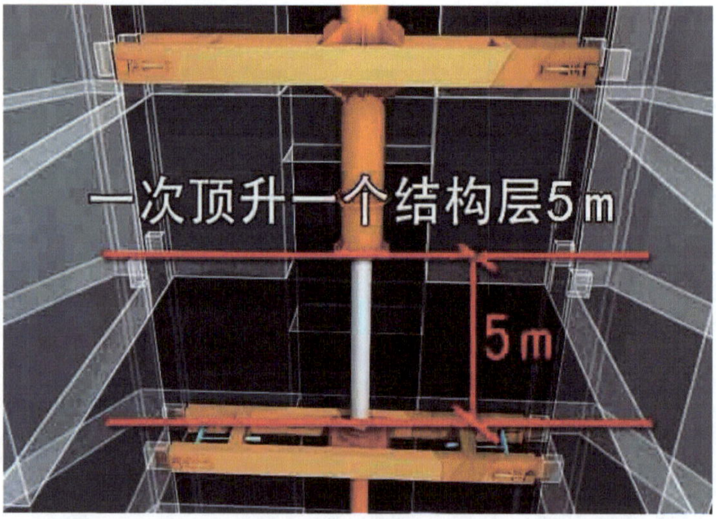

图 88　液压油缸选型图

（4）智能化操作。

本系统设置一套电控系统，主要包括一个集中控制台、连接各种电磁闸阀与控制台的数据线、主缸行程传感器、油缸行程限位等，实现对整个系统电磁闸阀动作的控制与监控，实现顶升过程全智能化操作，达到各顶点同时顶升的精度。智能化操作设备如图 89 所示。

图 89　智能化操作设备

7. 钢平台顶模施工工艺

钢平台施工工艺流程如图 90 所示。

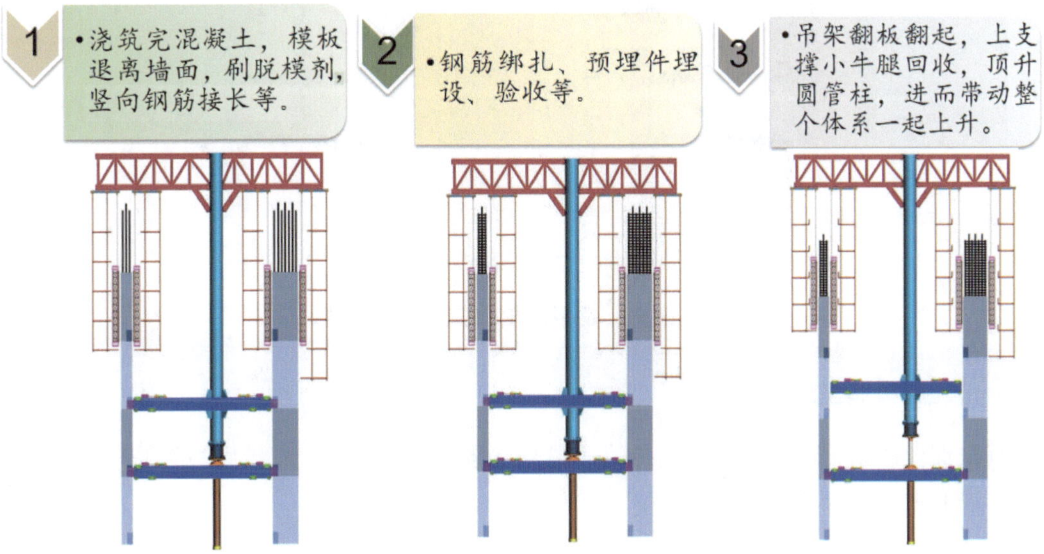

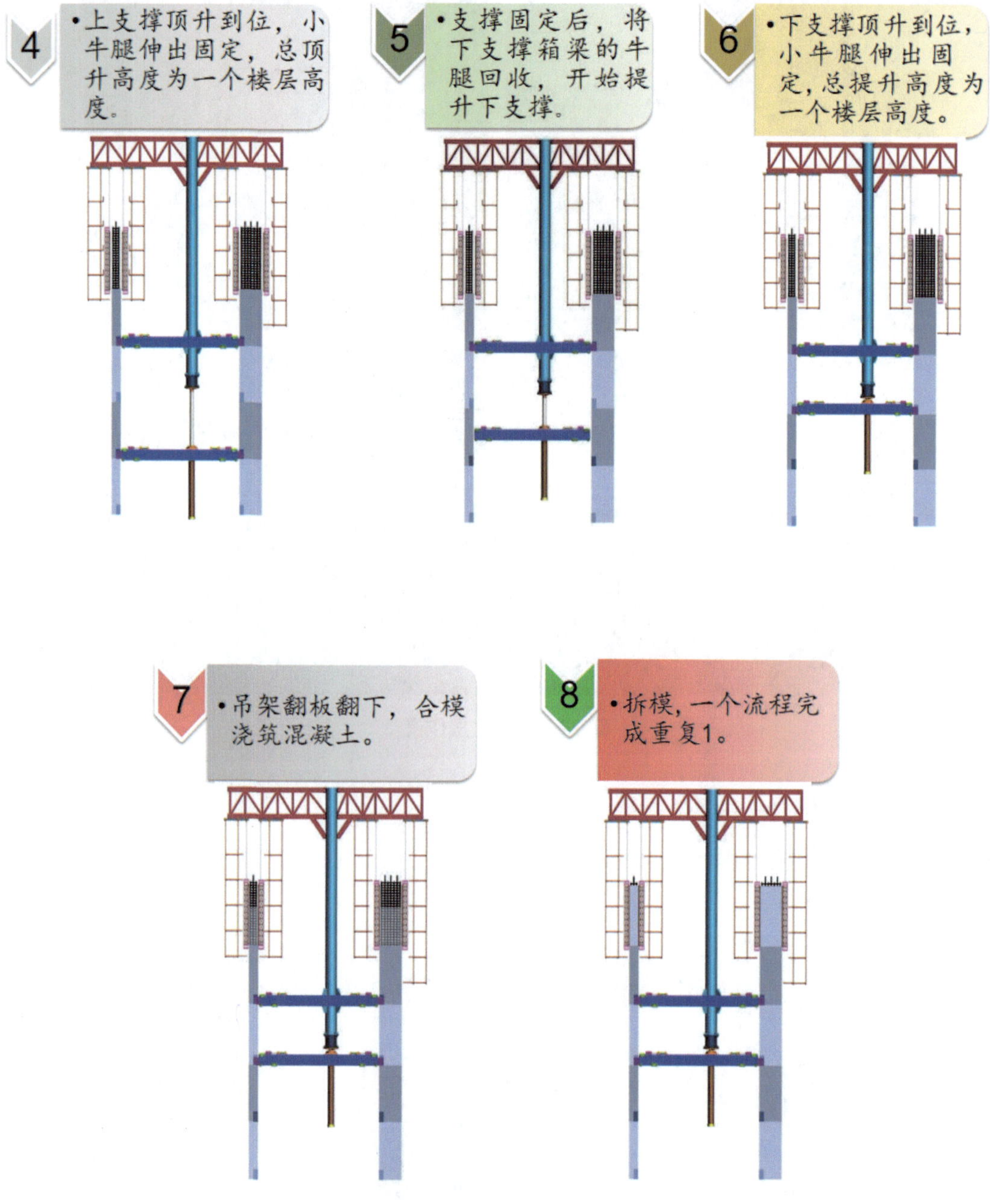

图 90　钢平台施工工艺流程

8. 液压爬模施工工艺

首次支设—第二次支设—提升导轨—提升支架—第三次浇筑—最后一次砼—爬升—拆模板—拆上支架—拆导轨—拆下支架。

安装及使用施工工艺流程如图 91 所示。拆除施工工艺流程如图 92 所示。

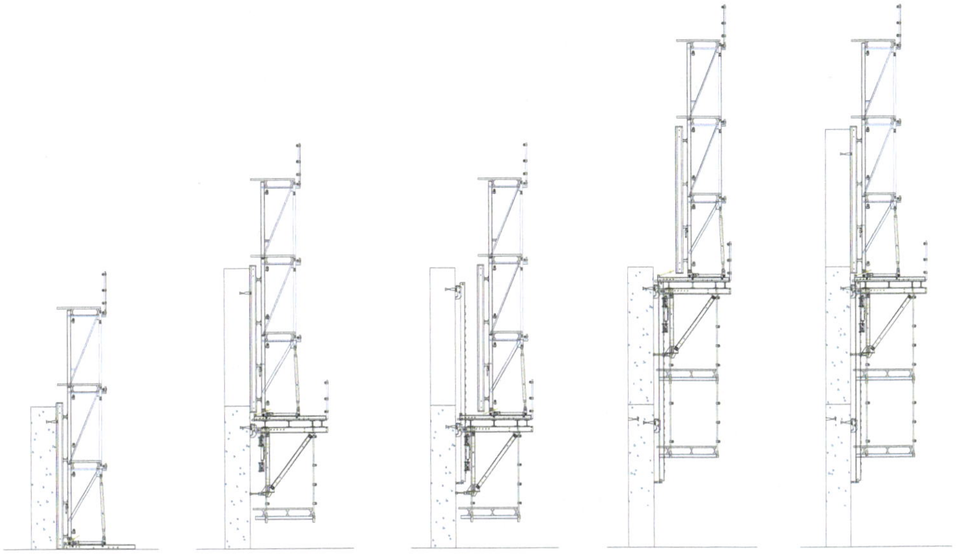

图 91　安装及使用施工工艺流程

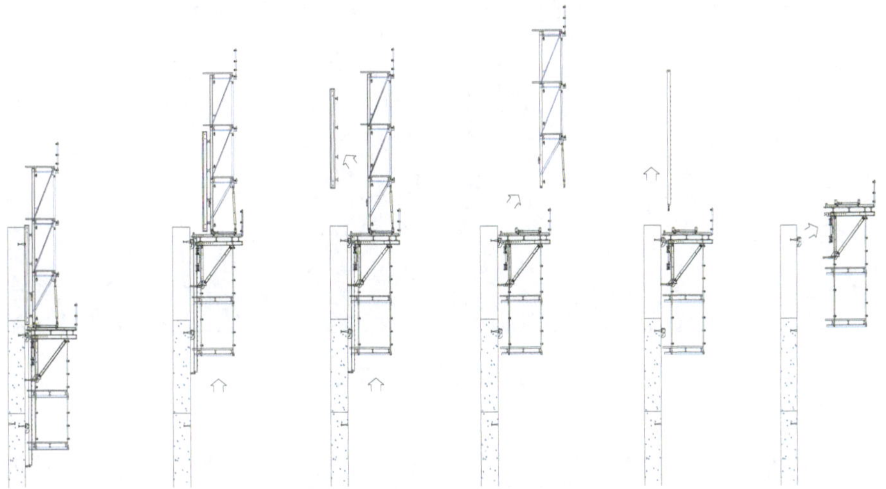

图 92　拆除施工工艺流程

二、多功能低碳绿色混凝土

1. 超高层混凝土工程施工难题

随着超高层建筑高度的不断攀升，钢混组合结构日益复杂，对混凝土流动性、保塑性、收缩等性能要求更高（见图 93 ～图 97）。

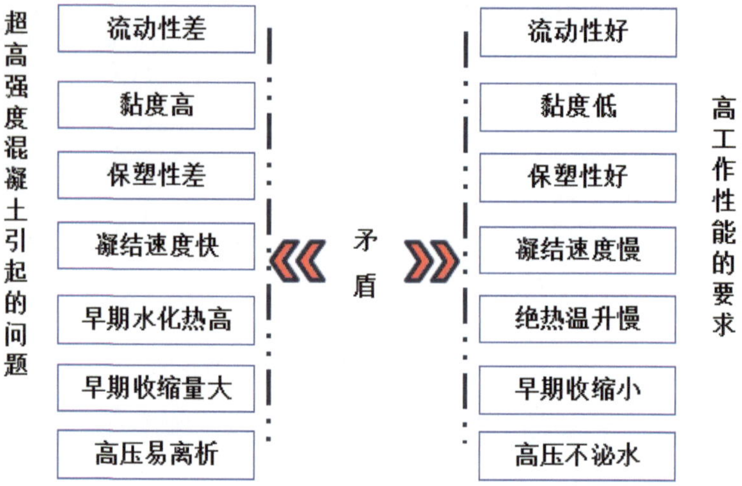

图 93　高强混凝土矛盾点

图 94　钢板、栓钉、钢筋极为密集

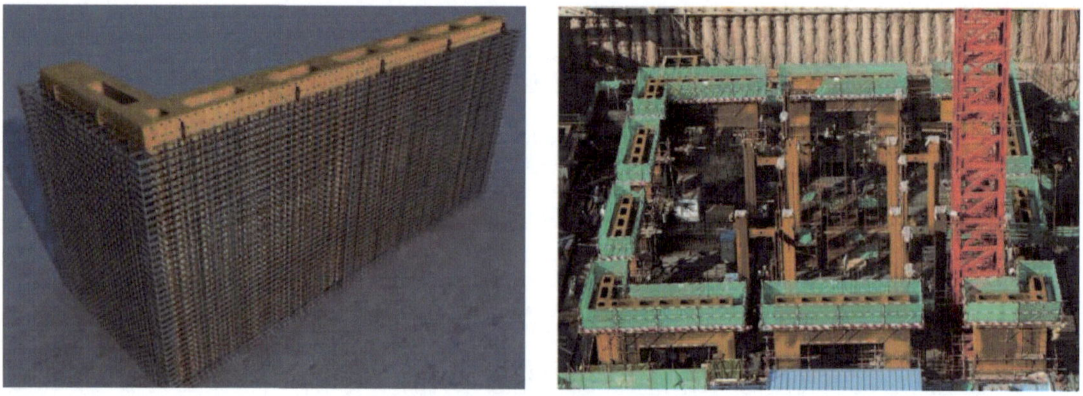

图 95　双层劲性钢板剪力墙

图 96　斜交网格钢管混凝土柱

图 97　巨型箱式钢管混凝土柱

2. 多功能低碳绿色混凝土特点

针对超高层建筑混凝土施工中常见的一系列难题，我局成功研发出多功能低碳绿色混凝土，具备“高强度、高泵送、高稳定、低热、低收缩、低用水、低成本、自养护、自密实、自流平、高耐火”特性，可满足超高层建筑混凝土结构施工的多功能要求。

（1）高强度。

选用由水泥、微珠、硅粉组成的高密实性粉体材料，采用 0.15 ～ 0.18 的超低水胶比（W/B），并优化骨料级配，以细度模数 2.7 ～ 2.9 的河砂配合 5 ～ 16 mm 连续级配反击破石子，可配制并应用 C80 ～ C150 高强混凝土（见图 98、图 99）。

（2）高泵送、高稳定。

创新研制载体流化剂，将聚羧酸减水剂与萘系减水剂复配制成复合高效减水剂，再与沸石粉复配。该外加剂可降低混凝土与管壁间的黏阻力，兼顾高流动性与黏聚力；且混凝土在泵管高压环境下，经时性能保持稳定。

图 98　微珠

图 99　硅粉

（3）低热、低收缩。

使用微珠 + 超低水泥用量 + 微量微膨胀剂（1% ～ 2%）的创新技术，通过微珠、粉煤灰大量取代水泥和矿粉类掺合料，减少水化热，沸石粉吸水，排水抑制自收缩，降低混凝土的早期收缩性能，可配制出 3 d 自收缩值小于 1‰（长度变化率）的低热低收缩混凝土。匹配劲性钢板剪力墙结构体系。

（4）低用水。

以氨基磺酸盐系高效减水剂、萘系减水剂和沸石超细粉三者复配成固液复合减水剂，解锁并吸附水泥颗粒环锁的自由水，使水化反应得以充分、持续、水化自给；选择具有高密实性的粉体材料组合（水泥 + 微珠 + 硅粉），利用粉体材料球状颗粒形貌和细度效应，置换自由水，最大限度地提高胶凝材料的密实性，从而实现超高强混凝土的单方用水量低于 150 kg/m^3（见图 100）。

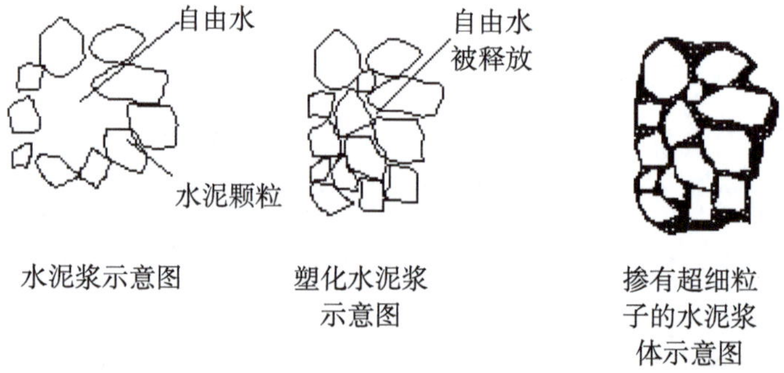

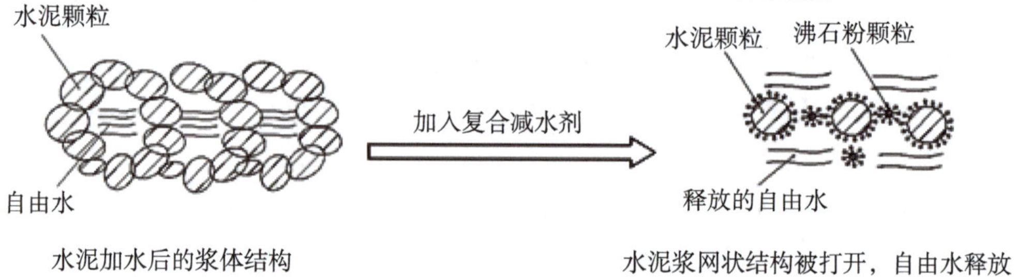

图 100　复合减水剂对水泥的影响

（5）低成本。

配制多功能低碳绿色混凝土的主要原材料为国内常规绿色材料，储量大、开采易，其配制设备与工艺遵循常规标准，成本可控，有利于大规模推广应用，可产生良好的经济和社会效益。

（6）自养护。

利用载体流化剂其自调节功能进行水分缓慢释放，4 h 超长保塑，实现混凝土的水化内部均匀自给，无须表面洒水养护（见图 101、图 102）。

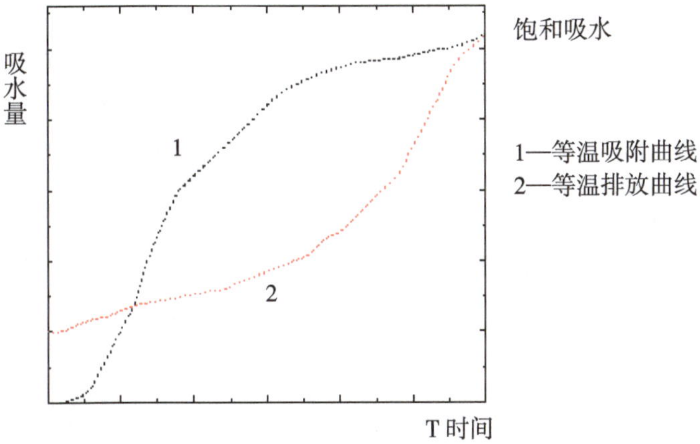

图 101　载体流化剂吸、排水曲线

图 102　洒水加薄膜养护

（7）自密实、自流平。

采用新型增稠剂（沸石粉）+ 骨料优选 + 微珠的创新技术，借助微珠的“滚滑效应”

和系列粉体的“无隙填充”，让骨料均匀“悬浮”于水泥浆中，从而提升混凝土的黏聚力及流动性。经 U 型仪测试，3 ～ 4 h 内填充高度可保持在 320 mm 以上，能实现模板及空腔内混凝土自动流平、密实填充。微珠“滚滑效应”如图 103 所示。

（8）高耐火。

借助聚丙烯纤维在高温环境下熔化形成微观贯通通道的特性，促使混凝土在高温下时内部蒸汽压力得以有效释放。这一特性使混凝土的断裂韧性提高 30%，在 500 ℃高温和荷载共同作用的情况下，2 h 内仍能保持结构完整，有效降低了超高性能混凝土的高温爆裂风险。高性能混凝土试压试验如图 104 所示。

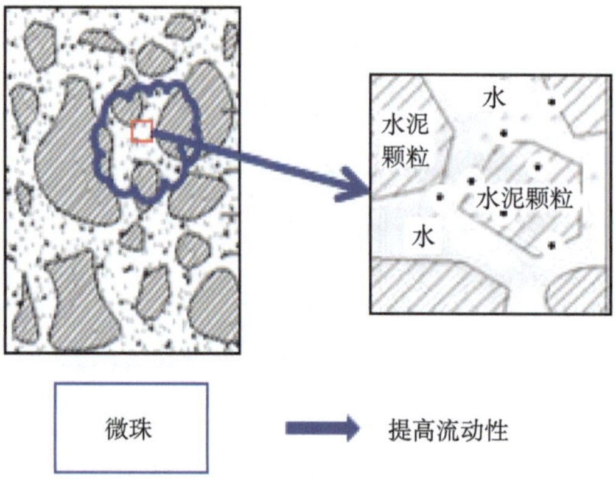

图 103　微珠“滚滑效应”示意图

图 104　高性能混凝土试压试验

3. 多功能低碳绿色混凝土的综合配制

基于载体流化剂实现混凝土性能延时控制理论，优选具备“滚滑”效应的微珠、硅粉等粉体材料，深度优化颗粒级配。通过此方式，达成高强度、高泵送、高稳定、低热、低收缩、低用水、低成本、自养护、自密实、自流平及高温耐火等多种优良性能于一体的效果。延时控制理论如图 105 所示。

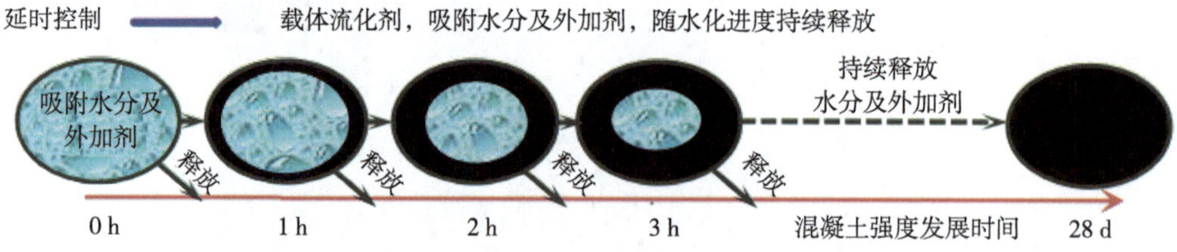

图 105　延时控制理论示意图

4. 多功能低碳绿色混凝土的配比

（1）西塔 C100 UHP-SCC 配比（见表 27）。

表 27　C100 混凝土配比表

水泥	矿渣	硅灰	砂	石	瓜米石	沸石粉载体	水	外加剂
450	190	60	800	595	85	17.5	154	15.4

（2）京基 C120UHPC 配比（见表 28）。

表 28　C120 混凝土配比表

水胶比	水泥	超细矿物掺合料	淡化海砂	小石	大石	减水剂
0.18 ～ 0.20	500	250	700	300	700	2.0 左右

（3）东塔 C120 多功能混凝土配比（质量比）（见表 29）。

表 29　C120 混凝土配比表

水泥	粉煤灰	矿粉	砂	石子	水	微珠	NZ	外加剂
1	0.13	—	1.6	2.16	0.27	0.26	0.03	1.9%

5. 多功能低碳绿色混凝土的量化指标

通过近万次试验和理论分析，确定了适用于超高层建筑混凝土制备和泵送的系列配比量化指标（见表 30）。

表 30　混凝土性能指标

混凝土性能指标	强度发展时间				
内容	1 h	2 h	3 h	4 h	泵送后
坍落度	＞ 220 mm	＞ 210 mm	＞ 210 mm	＞ 200 mm	＞ 180 mm
扩展度	＞ 600 mm	＞ 590 mm	＞ 580 mm	＞ 560 mm	＞ 500 mm
例筒时间	＜ 8 s	＜ 8 s	＜ 10 s	＜ 10 s	＜ 12 s
U 型箱	⩾ 320 mm	⩾ 310 mm	⩾ 300 mm	⩾ 290 mm	⩾ 280 mm
保塑时间	⩽ 4 h				
初凝时间	⩾ 8 h				
终凝时间	10 ～ 12 h				
压力泌水	0				
绝热温升	＜ 75 ℃				

6. 多功能低碳绿色混凝土的超高泵送

（1）创新研发超高泵送设备。

常规泵机的出口压力通常在 21 MPa 左右，无法满足超高层建筑混凝土泵送的需求。联合相关厂家创新研发泵送压力达 50 MPa 的超高压泵送设备，并配套满足 50 MPa 泵送压力的合金耐磨管（10 ～ 12 mm），以满足多功能混凝土超高泵送设备的性能需求（见图106、图 107）。

图 106　新型混凝土输送泵

图 107　高强合金耐磨泵管

（2）创新优化泵送工艺。

在超高结构施工中，常规泵送工艺难以抵御竖向管内混凝土因自重产生的过大压力，易引发回流与堵管问题。通过深入的理论分析与实践探索，我们总结出混凝土竖向重力与泵管摩阻力的关系经验公式。基于此，特提出以下优化工艺：一是设置水平泵管，其长度应为竖向泵管高度的 1/5 ～ 1/4，用以平衡竖向重力；二是在水平及竖向泵管分别安装截止阀，能有效抵消少量局部混凝土竖向重力，避免出现回流、堵管状况。

（3）监控系统。

采用 GNSS 跟踪记录泵机泵送过程参数，并对泵机参数的变化进行实时监控，以便及时发现并解决异常情况（见图 108）。

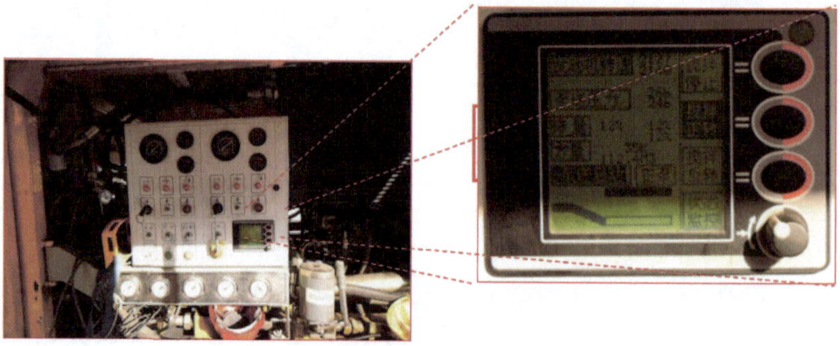

图 108　泵送剂泵送记录

7. 特殊部位混凝土检测

（1）超声波检测。

超声波检测时，按构件数量的 10%，以水平分层或竖向分个的方式抽取样本。为避免影响施工进度，优先选择在桁架层进行检测，需在混凝土浇筑完成 28 天后开展检测工作。混凝土构件抽样检测如图 109 所示。

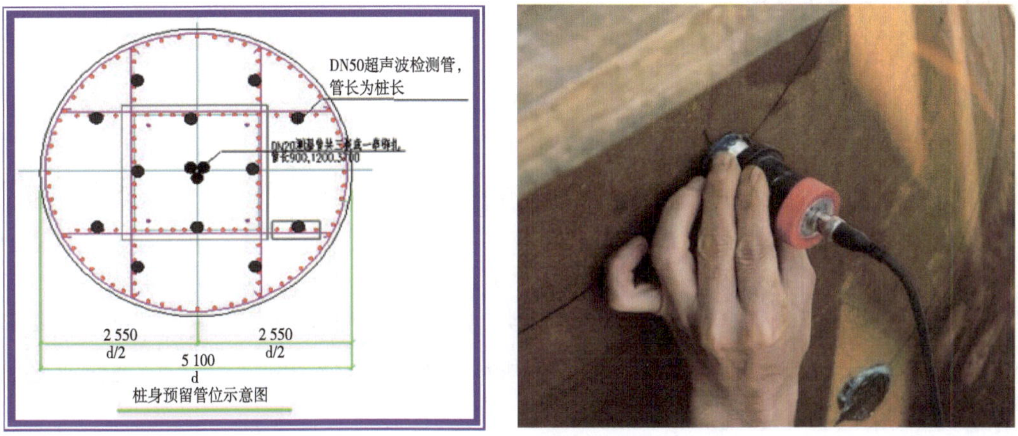

图 109　混凝土构件抽样检测

（2）压电陶瓷片监测。

运用美国研制的压电陶瓷片，对钢板与混凝土间的裂缝情况，以及混凝土自身的完整性进行监测（见图 110）。

图 110　压电陶瓷片监测

8. 多功能混凝土的社会效益

经由多功能低碳绿色混凝土研发以及泵送工艺优化等创新举措，国内成功达成超高泵送世界纪录：C100–C120 混凝土可泵送至 400 m 以上高度，C120 混凝土更是能泵送至 500 m 以上。先进的混凝土技术备受国际关注，国际公司在后续超高层建筑施工项目中，也计划运用此先进技术。

三、钢结构施工

1. 钢结构的发展前景

（1）向高耸建筑发展。

（2）向大规模方向发展。

（3）向大跨度方向发展。

（4）向造型美观化、施工复杂化方向发展。

（5）施工理论和技术规程不断更新和修编。

2. 超高层钢结构存在的难题

超高层钢构件多呈巨型与异型特征。此类构件在加工制作与安装环节，对精度要求极为严苛。其相贯形式复杂，残余应力分布无规律可循。加之需在高空进行吊装作业，风险显著增大（见图 111、图 112）。

图 111　巨型构件

图 112　异型构件

3. 钢结构的数字化加工制作消残技术

在切割工艺上运用弧形渐变不规则焊接端面的精准切割及控制手段，能够让由内向外坡口渐变不规则端面，实现数字化、多角度自动精准定位切割，确保切割断面一次成型（见图 113、图 114）。

针对构件加工期间产生的残余应力，深入剖析应力变化与叠加规律，专门针对应力叠加部位实施消除操作（见图 115）。目前，消除残余应力的常用方法包括 VSR 时效振动法、冲砂除锈法、局部烘烤法等。自动喷砂机如图 116 所示。构件局部加热如图 117 所示。

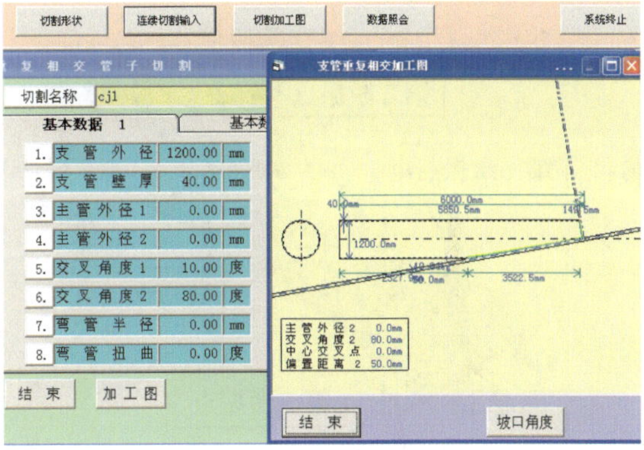

图 113　计算机模拟断面

图 114　数字化精准切割

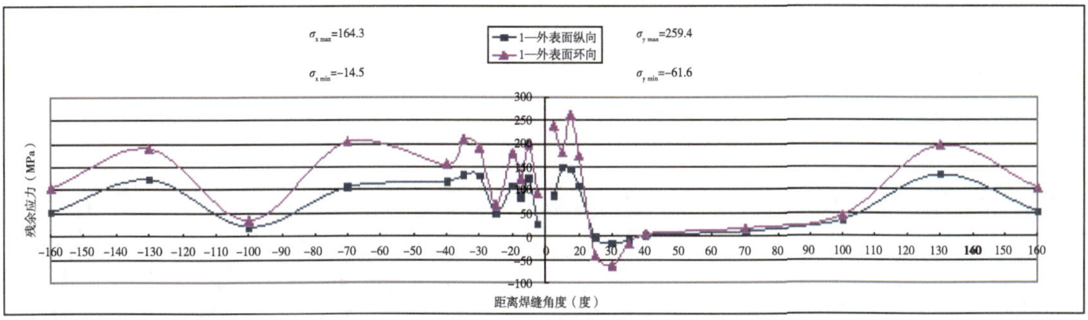

图 115　残余应力分布图

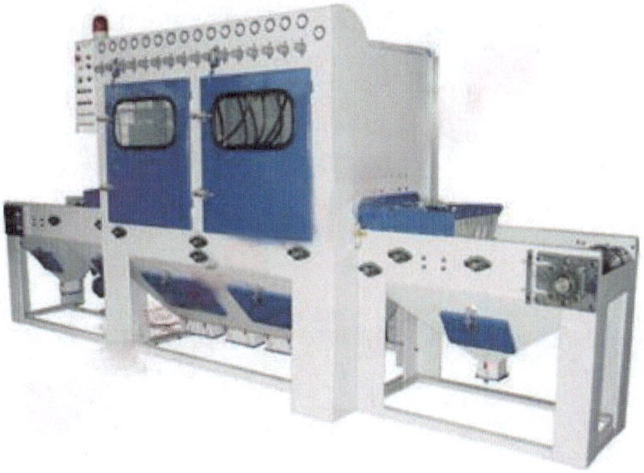

图 116　自动喷砂机

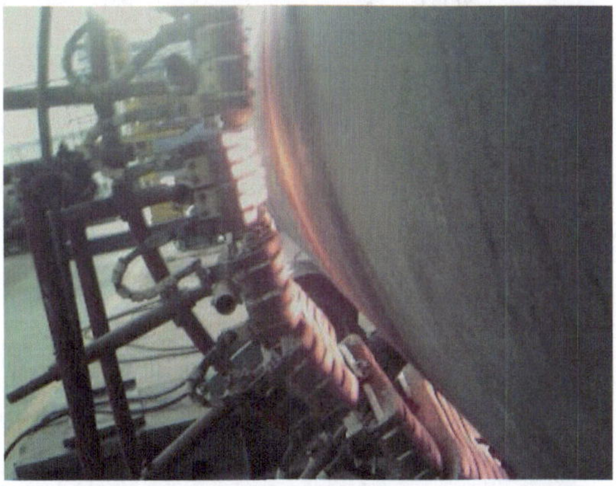

图 117　构件局部加热

VSR 时效振动法是通过控制器启动电机并调节其转速，使构件处于共振状态，约经 20 ～ 30 min 的振动处理，达到消除构件残余应力的目的（见图 118）。

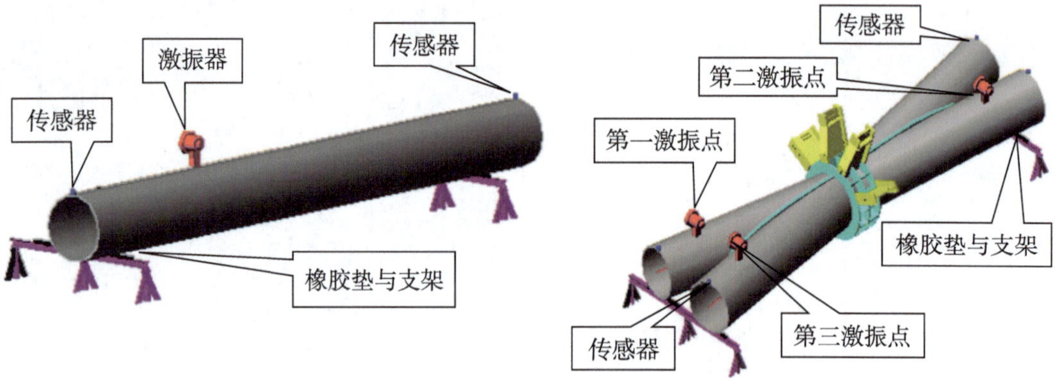

图 118　VSR 时效示意图

4. 钢结构安装的创新技术

研发自平衡对接装置，对复杂巨型钢构件进行高效精准定位，实现无附加支撑、无缆风安装（见图 119、图 120、图 121）。

图 119　自平衡对接装置

图 120　无缆风安装

图 121　地面预拼装整体提升安装技术

四、结构仿真分析及健康监测

1. 结构仿真的概念

建筑结构仿真就是以相似原理、系统技术、信息技术及其应用领域有关的专业技术为基础建立起来的模型（数学模型、物理效应模型、数学－物理效应模型），以计算机等设备为工具，利用系统模型对实际建筑物进行试验研究的一门多学科综合技术。

2. 超高层建筑结构施工面临的问题

（1）施工过程受力及变形极有可能完全超过设计状态。

（2）材质不同及受力相异产生变形差。

（3）风荷载对结构安装位形的影响。

（4）超高层建筑在施工中受气象环境影响不小。

（5）内外筒施工落差、新型施工工艺等。

3. 结构仿真分析的应用

（1）对施工过程中结构的内力和变形进行分析，为保证施工过程中结构的安全性提供数据参考（见图 122、图 123、图 124、图 125）。

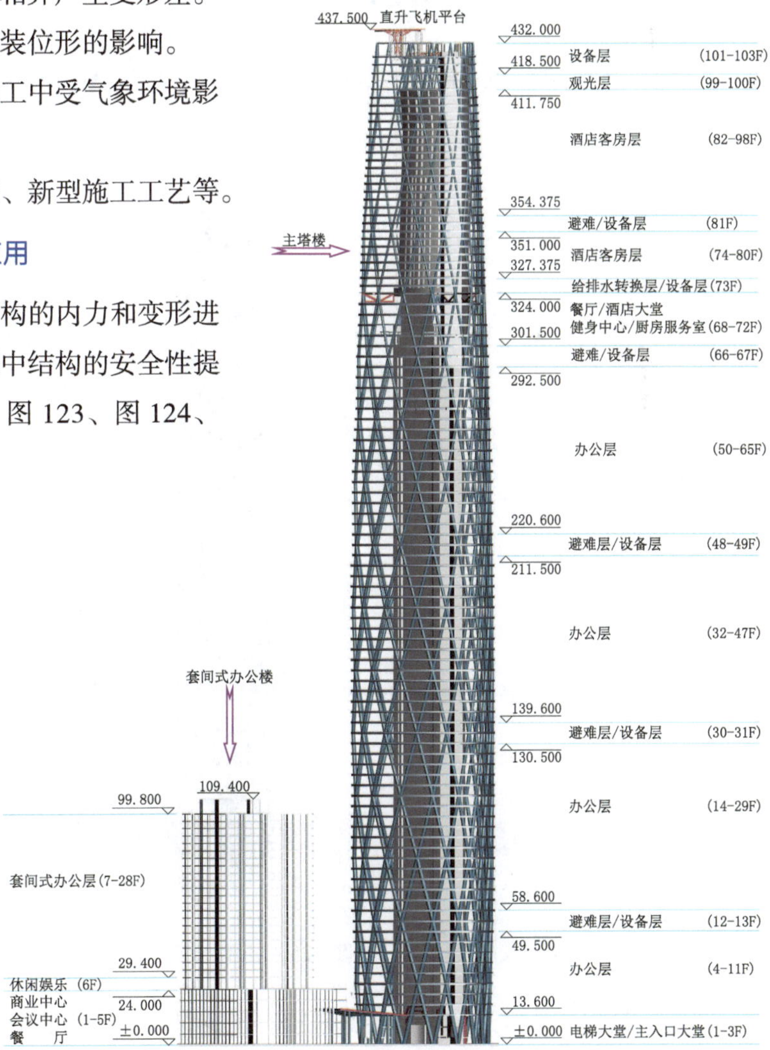

图 122　塔楼外立面图

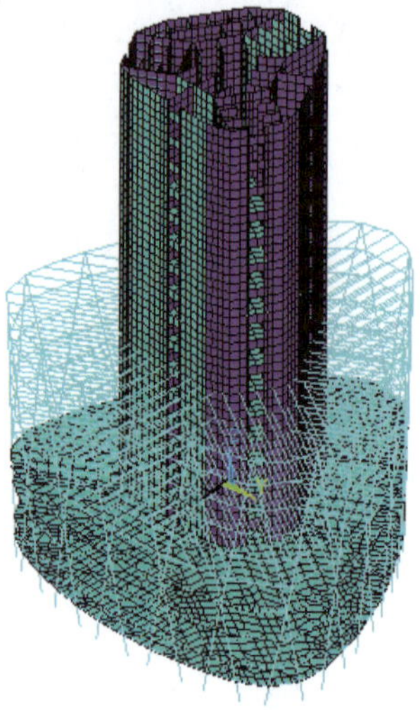

图 123　低区结构施工模拟

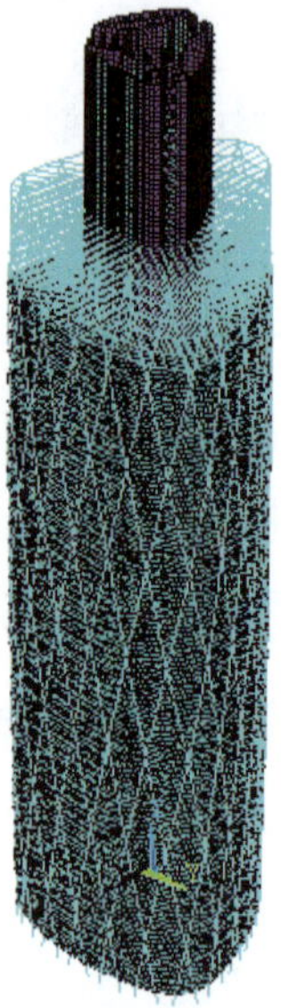

图 124　高区结构施工模拟

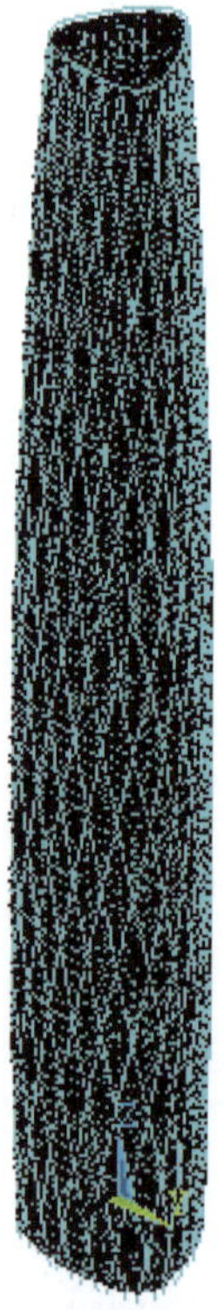

图 125　模拟竣工状态

对施工过程中结构工况进行仿真模拟，检验结构安全性，确定超过设计状态的不利工况，制定相应处理措施（见图 126、图 127、图 128、图 129）。

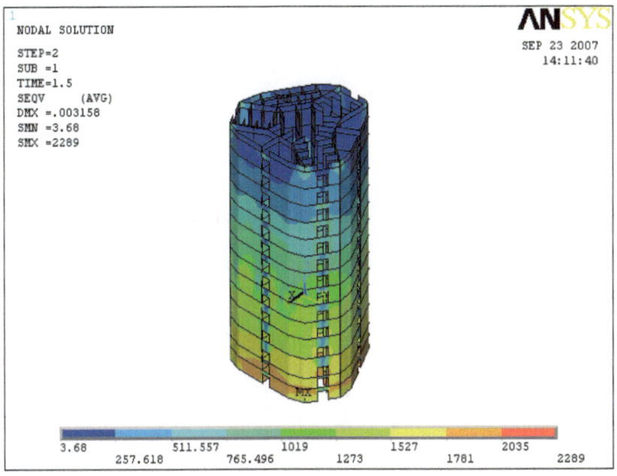

图 126　核心筒结构受力分析

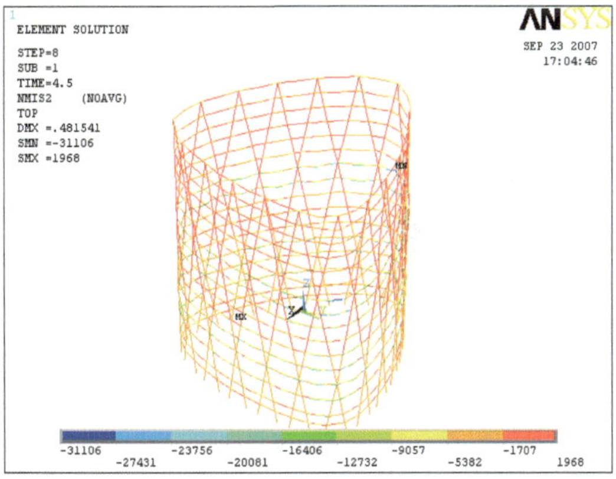

图 127　外立面钢结构受力分析

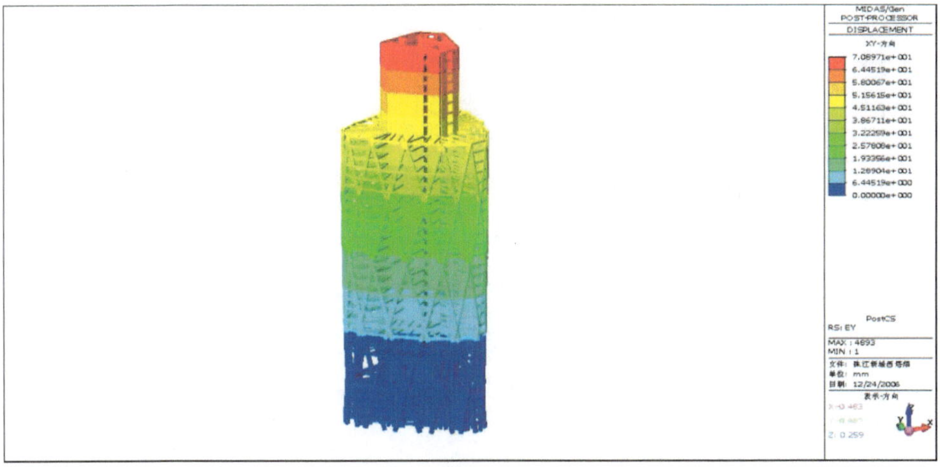

图 128　塔楼整体结构受力分析

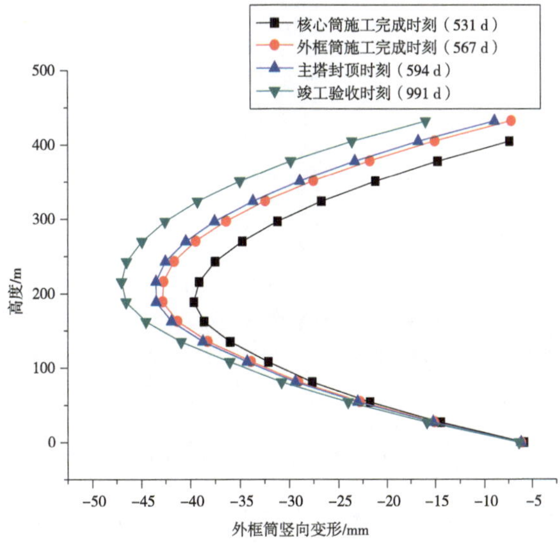

图 129　塔楼整体竖向变形

（2）预测竣工时在结构中所产生的荷载效应，为检验其与使用阶段其他荷载效应的组合是否满足设计要求提供依据（见图 130、图 131）。

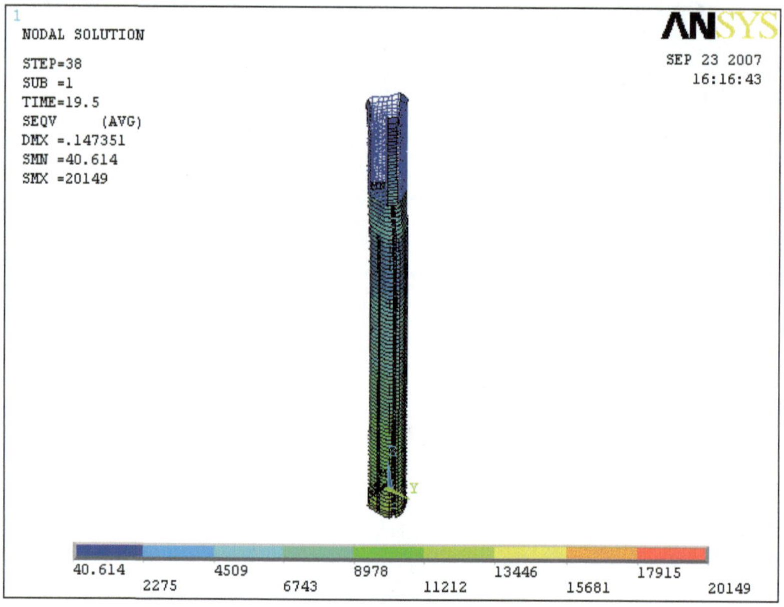

图 130　核心筒荷载效应检测

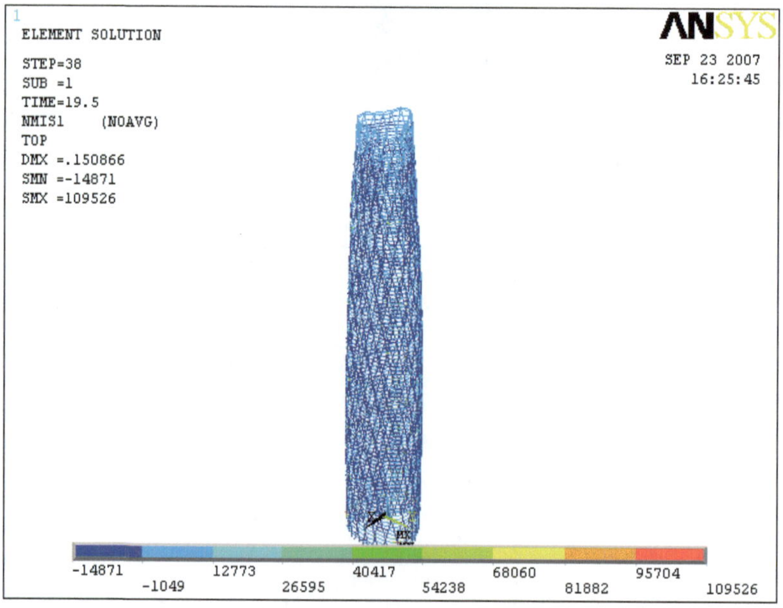

图 131　外框架荷载效应检测

（3）施工过程混凝土收缩徐变量的计算及其对结构受力状态的影响（见图 132、图 133）。

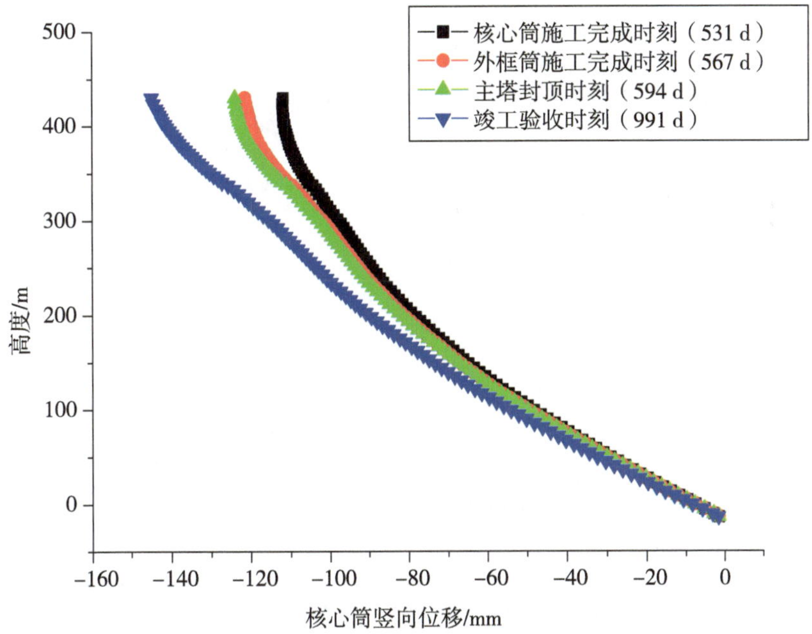

图 132　核心筒混凝土竖向位移

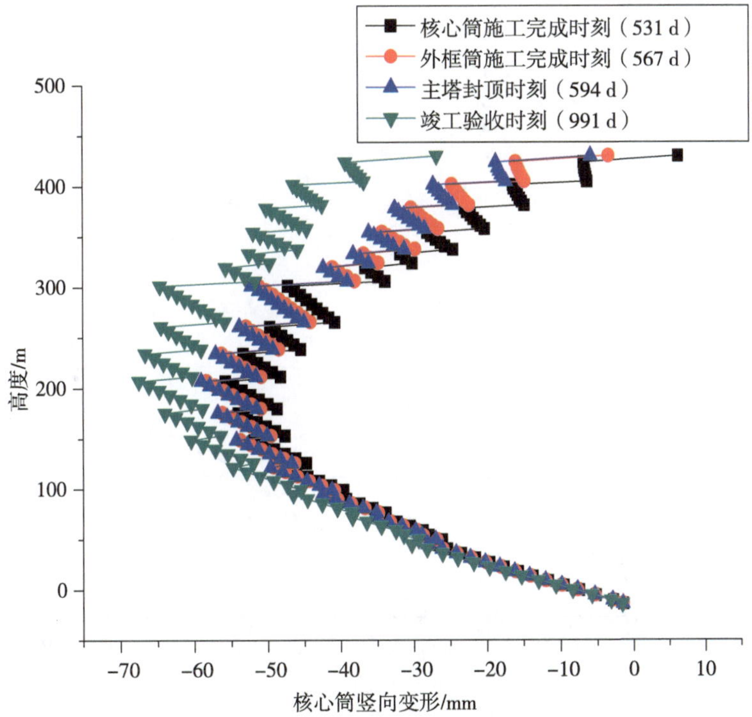

图 133　核心筒竖向变形

（4）结构变形预调值的确定，为钢结构的加工和安装，以及核心筒混凝土的施工提供参考，保证竣工时结构的位形能够满足设计要求（见图 134、图 135）。

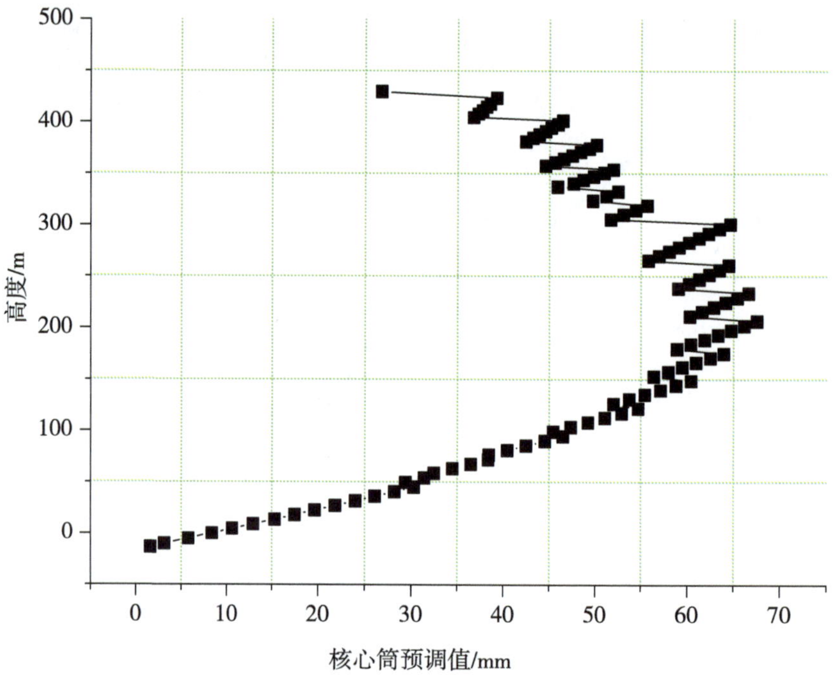

图 134　核心筒预调值

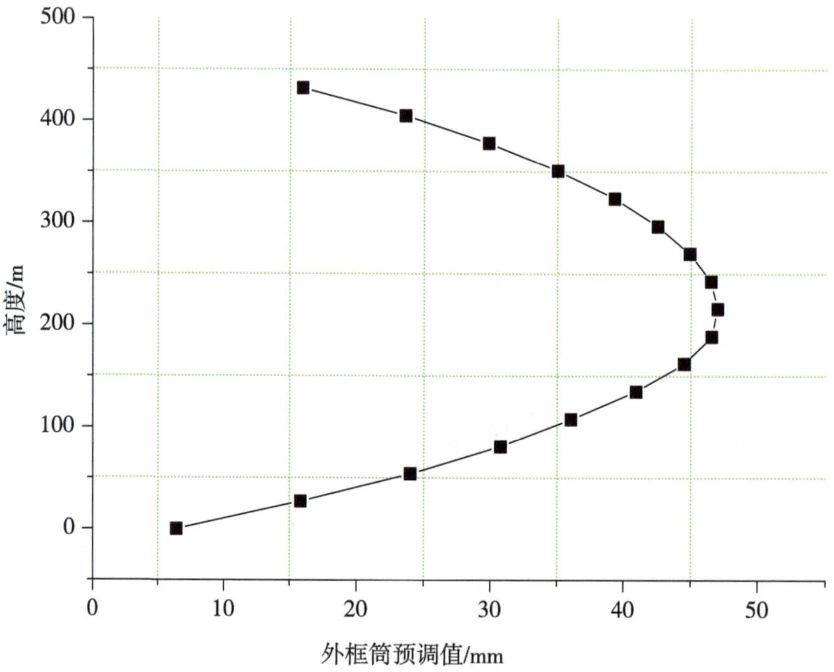

图 135　外框筒预调值

（5）对风荷载进行仿真模拟分析，降低风荷载对结构安装定位的影响（见图 136、图 137）。

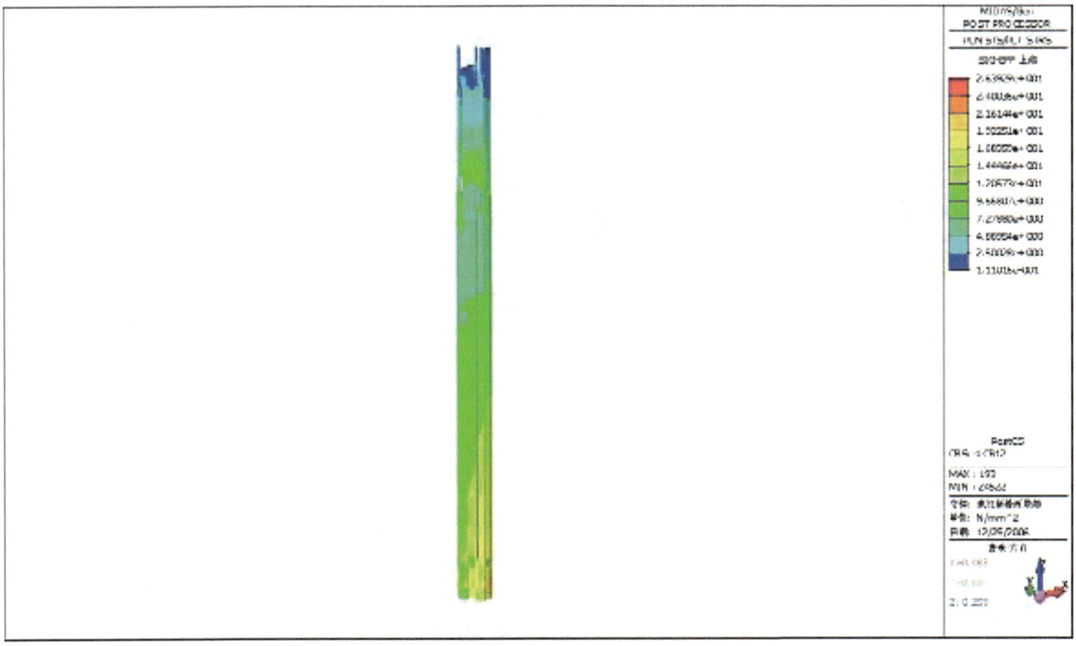

图 136　核心筒风荷载示意图

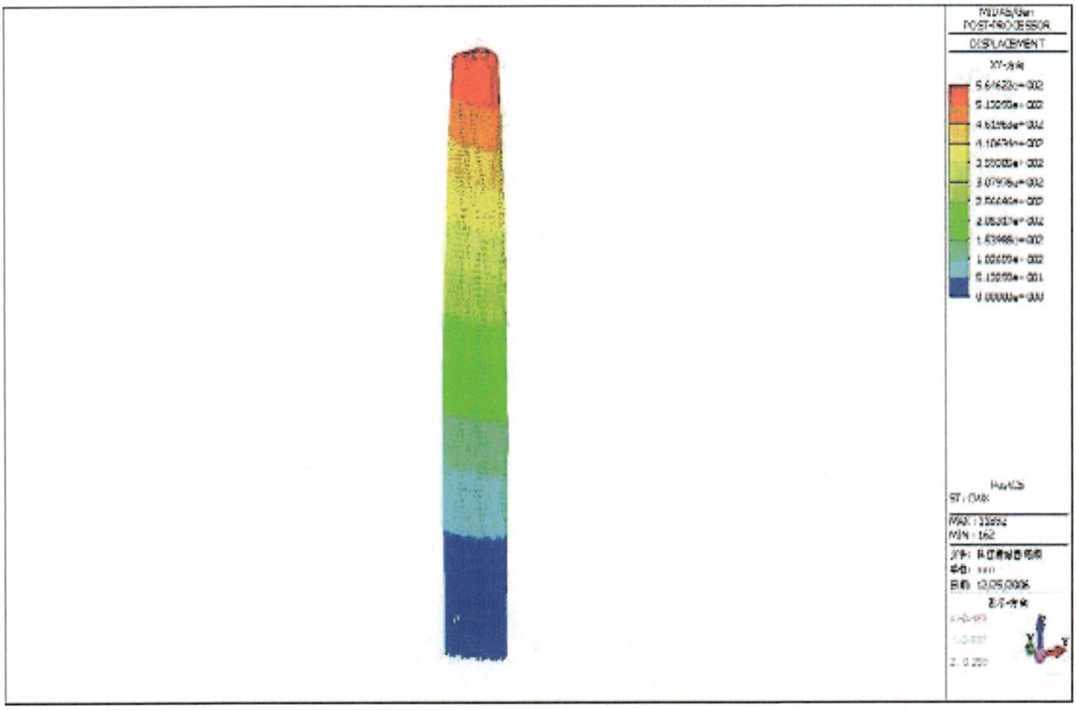

图 137　外框筒风荷载示意图

（6）对日照温差资料作针对性的分析，以便通过施工时的针对性技术措施将温差影响降至最低（见图 138、图 139）。

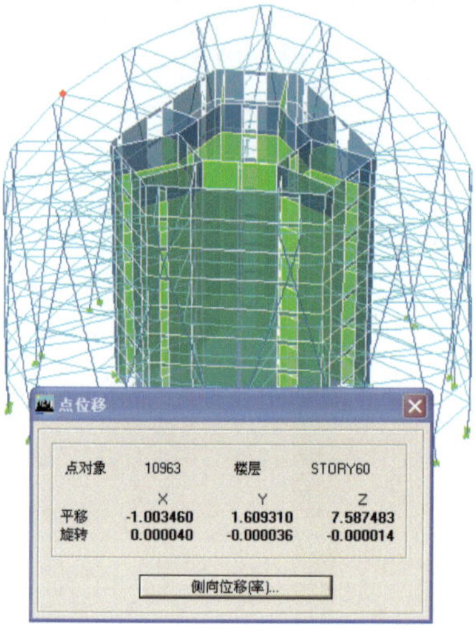

图 138　日照温差调整图

变 形	温 度	
	19.7℃	11.5℃
X变形量（mm）	-1.003	-0.586
Y变形量（mm）	1.609	0.939
Z变形量（mm）	7.587	4.429

图 139　日照温差对结构变形的影响

（7）对新型施工工艺的模拟，如对环索的张拉过程进行分析，要先确定合理的张拉方案，进而保证竣工时的索力满足设计要求（见图 140、图 141）。

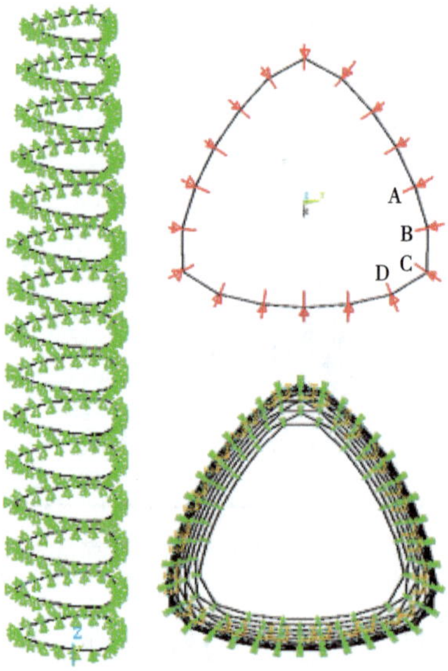

图 140　环索模型图

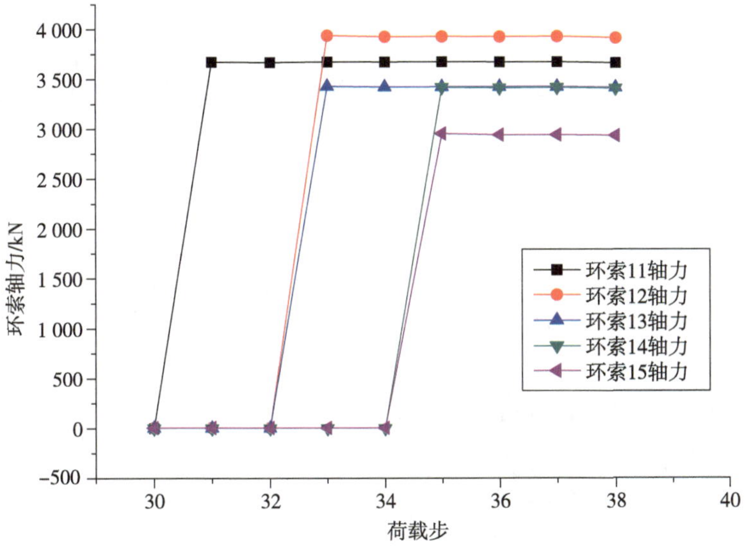

图 141　轴力随施工步的变化示意图

4. 结构健康监测

（1）结构健康监测的概念。

结构健康监测是指对工程结构实施损伤监测和识别的过程。损伤包括材料特性改变或结构体系的几何特性发生改变，以及边界条件和体系的连续性。体系的整体连续性对结构的服役能力有至关重要的作用。

结构健康监测涉及通过分析定期采集的结构布置的传感器阵列的动力响应数据，来观察体系随时间推移产生的变化，提取损伤敏感特征值，并通过数据分析来确定结构的健康状态。

长期结构健康监测，就是要通过数据定期更新来估计结构老化和恶劣服役环境对工程结构是否有能力继续实现设计功能。

（2）健康监测的内容。

施工监测：基础底板和主楼首层沉降，楼层监测点位移，首层组合楼板的钢梁挠度，钢杆件的应力应变。

环境监测：施工现场的温度、湿度、风力等。

长期监测：主楼的沉降和整体垂直度监测，楼层监测点位移监测，钢构件的应力应变监测。

（3）健康监测的测点布置。

分别在塔楼角点布设监测点，预埋传感探头，每五层布设一次。

（4）健康监测的系统组成。

结构健康监测系统的基本组成如图 142 所示。

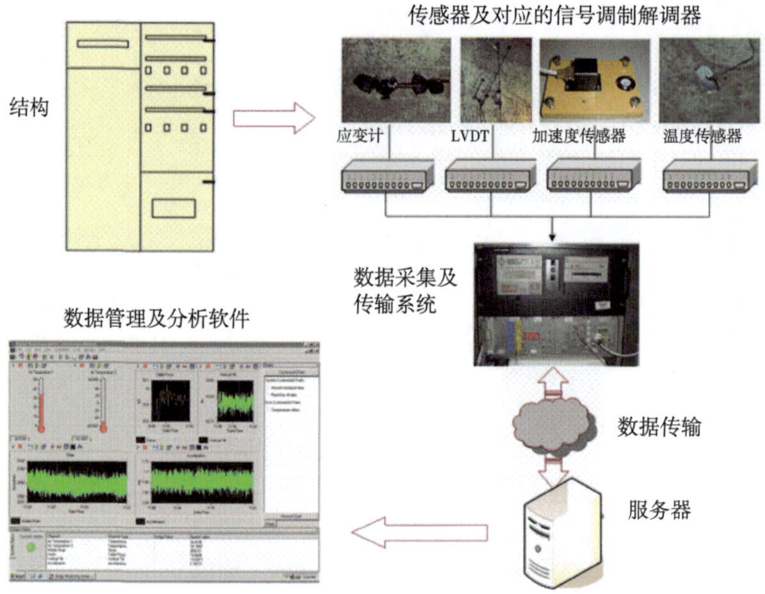

图 142　结构健康监测系统的基本组成图

五、超高层建筑装配式施工技术

1. 高强螺栓连接装配式施工技术

在马来西亚雪兰莪公寓项目（国际公司承建）的部分装配式结构施工中，装配式墙板结构原设计方案采用传统的套筒灌浆连接技术。项目团队经研究，提出以高强螺栓连接技术取而代之，并委托专业设计院对连接节点开展建模与验算工作。目前，业主已认可这一技术优化方案。

高强螺栓连接技术优势显著，具备施工简便、稳定性高、节点可靠、抗震性好、临时支撑少等特点，能够大幅节省周转材料。套筒灌浆连接（湿法连接）与高强螺栓连接（干法连接）的对比如图 143 所示。

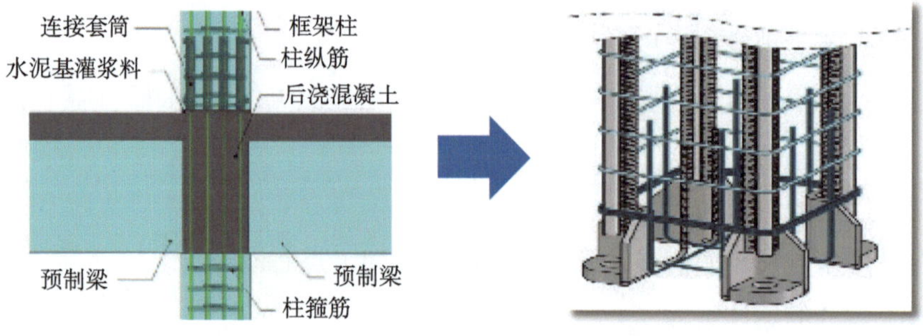

套筒灌浆连接（湿法连接）　　高强螺栓连接（干法连接）

湿法连接施工

干法连接施工

图 143　两种连接方式对比

该项目有望成为马来西亚首个引入高强螺栓连接装配式安装技术的项目。

2. 轻质隔墙板装配式施工技术

Havelock City 项目二次结构原设计为空心块砌块和砂浆抹灰。项目通过保温、隔音、耐久性等方面的验算，并参照英标和国标的参数，提出采用轻质隔墙板代替常规砌筑。该技术大大节省了砌筑与抹灰施工工作量，显著减少了现场用工、材料损耗与转运次数，取得了较好的经济效益（见图 144）。

灰砂砖

轻质隔墙板

砌筑现场施工

轻质隔墙板现场施工

图 144　轻质隔墙板与传统砌筑对比

附录 A 所获荣誉

斯里兰卡香格里拉三期商场写字楼项目荣获中交集团 2021 年度优质工程奖、中交三公局 2020 年度优质工程奖（见图 145）。

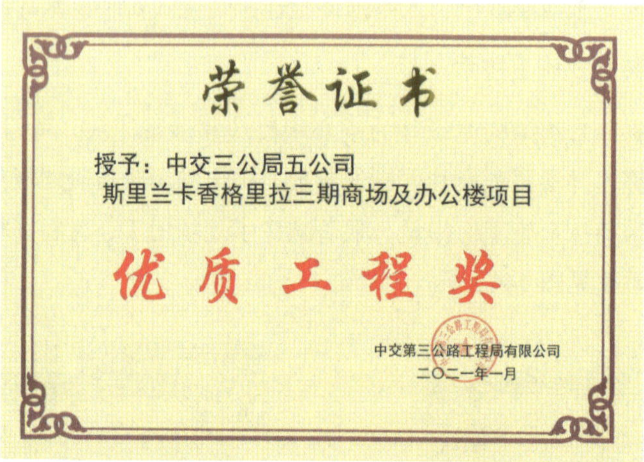

图 145 优质工程奖

斯里兰卡 Havelock City 商业发展项目荣获中交三公局 2024 年度优质工程奖（见图146）。

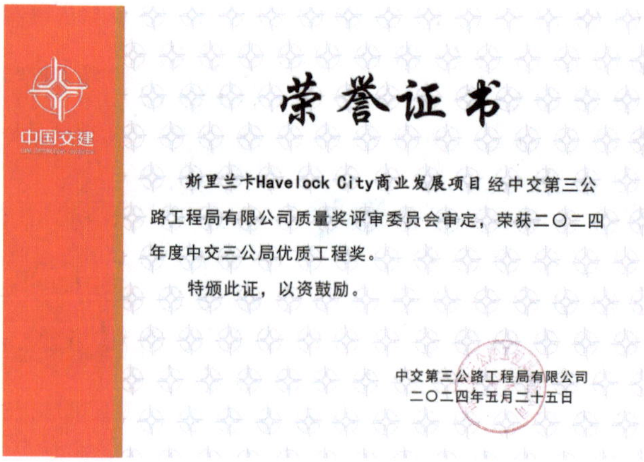

图 146 局级优质工程奖

斯里兰卡香格里拉二期项目荣获中交三公局 2016 年度先进集体荣誉称号（见图 147）。

图 147　先进集体

斯里兰卡香格里拉二、三期项目荣获中交三公局 2017 年度先进集体荣誉称号（见图 148）。

图 148　先进集体

斯里兰卡香格里拉二、三期项目技术部荣获中交三公局 2016 年度优秀班组荣誉称号（见图 149）。

图 149　优秀班组

科伦坡临港公寓项目获得2022年斯里兰卡国家职业健康安全卓越奖（见图150）。

图150　职业健康安全卓越奖

斯里兰卡 Havelock City 商业发展项目荣获中交集团2021年度海外业务优秀奖（见图151）。

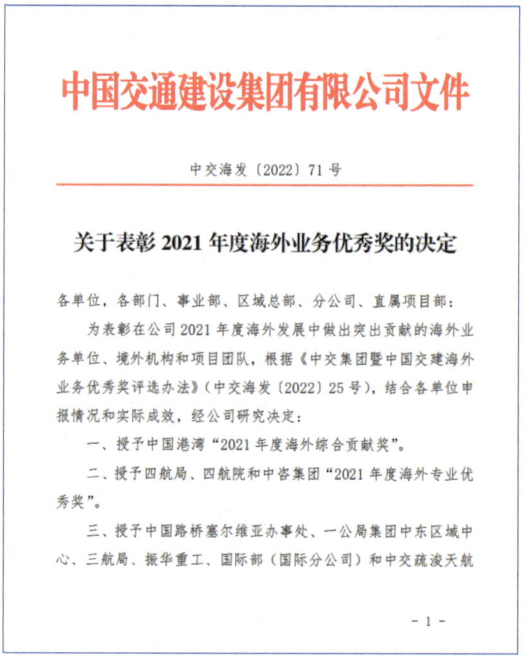

中国交通建设集团有限公司文件

中交海发〔2022〕71号

关于表彰2021年度海外业务优秀奖的决定

各单位，各部门、事业部、区域总部、分公司、直属项目部：

为表彰在公司2021年度海外发展中做出突出贡献的海外业务单位、境外机构和项目团队，根据《中交集团暨中国交建海外业务优秀奖评选办法》（中交海发〔2022〕25号），结合各单位申报情况和实际成效，经公司研究决定：

一、授予中国港湾“2021年度海外综合贡献奖”。

二、授予四航局、四航院和中咨集团“2021年度海外专业优秀奖”。

三、授予中国路桥塞尔维亚办事处、一公局集团中东区域中心、三航局、振华重工、国际部（国际分公司）和中交疏浚天航

- 1 -

图151　海外业务优秀奖

附录 B　科技成果

实用新型专利证书如图 152 所示。

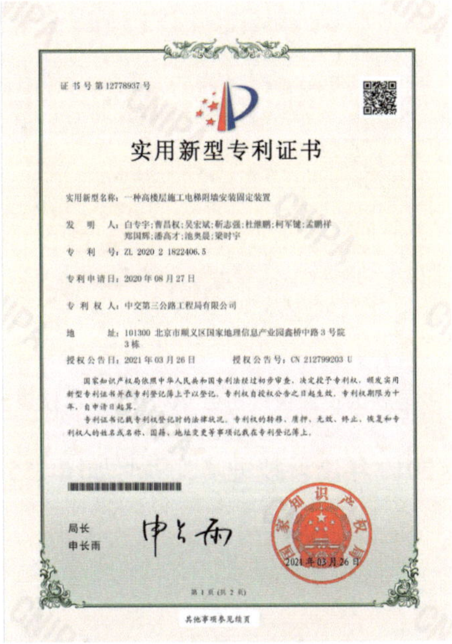
证书号第12778937号

实用新型专利证书

实用新型名称：一种高楼层施工电梯附墙安装固定装置

发　明　人：白专宇；曹昌权；吴宏斌；靳志强；杜继鹏；柯军键；孟鹏祥
郑国辉；潘高才；池奥晨；梁时宇

专　利　号：ZL 2020 2 1822406.5

专利申请日：2020 年 08 月 27 日

专 利 权 人：中交第三公路工程局有限公司

地　　　址：101300 北京市顺义区国家地理信息产业园鑫桥中路 3 号院 3 栋

授权公告日：2021 年 03 月 26 日　　　授权公告号：CN 212799203 U

国家知识产权局依照中华人民共和国专利法经过初步审查，决定授予专利权，颁发实用新型专利证书并在专利登记簿上予以登记。专利权自授权公告之日起生效。专利权期限为十年，自申请日起算。

专利证书记载专利权登记时的法律状况。专利权的转移、质押、无效、终止、恢复和专利权人的姓名或名称、国籍、地址变更等事项记载在专利登记簿上。

局长
申长雨

2021 年 03 月 26 日

第 1 页（共 2 页）

其他事项参见续页

图 152　实用新型专利证书

《海外超高层建筑综合施工技术》荣获 2019 年度中交三公局科技进步二等奖如图 153 所示。

证　书

《海外超高层建筑综合施工技术》
荣获 2019 年度中交三公局科技进步奖

二等奖

主要完成单位：中交第三公路工程局有限公司第五工程分公司

主要完成人：靳志强、杜继鹏、何　礼、赵岩峰、张子松
冶平德、杨　超、肖志威

编号：ZJ3GJ-2019-009

中交第三公路工程局有限公司

二〇二〇年四月十三日

图 153　2019 年度中交三公局科技进步二等奖证书

中国施工企业管理协会 2019 年度科技进步二等奖如图 154 所示。

工程建设科学技术进步奖

证 书

为表彰工程建设科学技术进步奖获得者，特颁发此证书。

项目名称：南亚临海砂层地段深基坑柔性支护及止水施工技术

奖励等级：二等

获 奖 者：中交第三公路工程局有限公司

2020年12月10日

证书号：2020-J-2-231-D01

图 154　中国施工企业管理协会 2019 年度科技进步二等奖

中国公路建设行业协会 2019 年度科技进步二等奖如图 155 所示。

科学技术进步奖

证 书

为表彰在科学技术进步工作中做出突出贡献获得者，特颁发此证书。

获奖项目：南亚临海砂层地段深基坑柔性支护及止水施工技术

奖励等级：二等奖

获 奖 者：中交第三公路工程局有限公司

中国公路建设行业协会

二〇一九年十二月二日

证书编号：2019-J-041-2-001

图 155　中国公路建设行业协会 2019 年度科技进步二等奖

中国交通企业管理协会现代创新成果三等奖如图 156 所示。

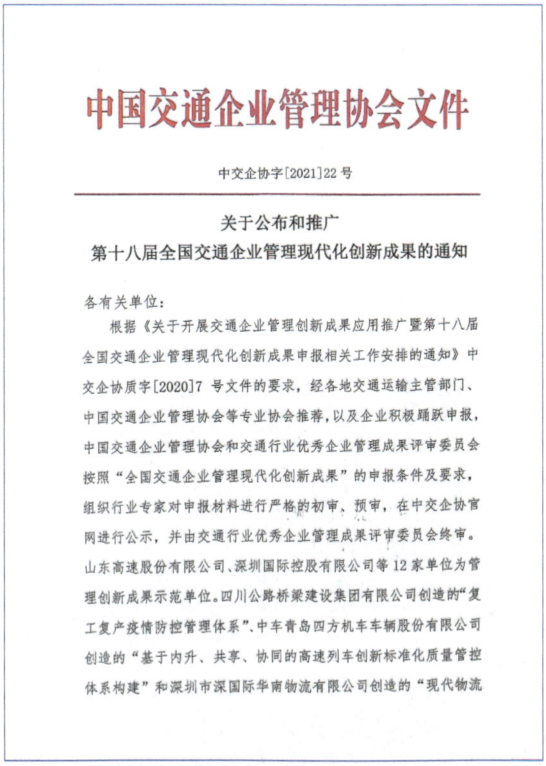

中国交通企业管理协会文件

中交企协字[2021]22 号

关于公布和推广
第十八届全国交通企业管理现代化创新成果的通知

各有关单位：

根据《关于开展交通企业管理创新成果应用推广暨第十八届全国交通企业管理现代化创新成果申报相关工作安排的通知》中交企协质字[2020]7 号文件的要求，经各地交通运输主管部门、中国交通企业管理协会等专业协会推荐，以及企业积极踊跃申报，中国交通企业管理协会和交通行业优秀企业管理成果评审委员会按照“全国交通企业管理现代化创新成果”的申报条件及要求，组织行业专家对申报材料进行严格的初审、预审，在中交企协官网进行公示，并由交通行业优秀企业管理成果评审委员会终审。山东高速股份有限公司、深圳国际控股有限公司等 12 家单位为管理创新成果示范单位。四川公路桥梁建设集团有限公司创造的“复工复产疫情防控管理体系”、中车青岛四方机车车辆股份有限公司创造的“基于内升、共享、协同的高速列车创新标准化质量管控体系构建”和深圳市深国际华南物流有限公司创造的“现代物流

图 156　中国交通企业管理协会现代创新成果三等奖

中国施工企业管理协会 BIM 大赛二等奖如图 157 所示。

荣誉证书

首届工程建设行业BIM大赛二等成果

（建筑工程综合应用类）

成果名称：BIM技术在超高层房建施工中的应用研究

参赛单位：中交第三公路工程局有限公司第五工程分公司

主要完成人：曹昌权　吴宏斌　靳志强　刘利军　朱秀玲　黄亚飞　丁杰　侯瑞

中国施工企业管理协会

二〇二〇年九月

中国施工企业管理协会

图 157　中国施工企业管理协会 BIM 大赛二等奖

附录C 领导关怀

2016年7月，中交集团海外事业部执行总经理蔡传胜视察香格里拉二期项目（见图158）。

图158 中交集团领导视察香格里拉二期项目

2024年2月27日，中交三公局党委书记、董事长蔡唐涛视察斯里兰卡 Havelock City 项目（见图159）。

图159 中交三公局领导视察斯里兰卡 Havelock City 项目

2024 年 8 月 15 日，时任中交三公局党委副书记、总经理刘章瑜视察斯里兰卡香格里拉二、三期项目（见图 160）。

图 160　中交三公局领导视察斯里兰卡香格里拉二、三期项目

2018 年 6 月 21 日，时任香格里拉集团斯里兰卡区 CEO 出席香格里拉三期项目举行封顶仪式（见图 161）。

图 161　香格里拉三期项目封顶仪式

2019 年 11 月 8 日，斯里兰卡总统出席香格里拉三期商场的开业典礼，并为其剪彩（见图 162）。

图 162　香格里拉三期商场开业典礼

2020 年 7 月 31 日，Havelock City 商业发展项目封顶仪式（见图 163）。

图 163　Havelock City 商业发展项目封顶仪式

后 记

本书涵盖的四个项目皆位于南亚岛国斯里兰卡。当地超高层建筑施工技术整体水平欠佳，工程资源匮乏，且项目周边环境错综复杂，致使综合施工技术难度颇高。在此背景下，施工团队勇于探索，引入部分新工艺及新材料。例如：采用超厚大体积混凝土整体分层浇筑，刷新了斯里兰卡混凝土浇筑方量和厚度的纪录；运用超高层穿插施工技术，缔造了斯里兰卡施工速度的新高度；借助深大基坑可拆除预应力锚索施工法，化解了基坑开挖支护交叉作业的矛盾，加速施工进度，消除建设方的顾虑。此外，还在斯里兰卡首次运用装配式隔墙板，既保障施工质量，又省去抹灰工序，实现降本增效；采用塔楼标准层铝合金模板快速施工技术，在确保施工进度的同时，提升施工质量、降低成本，为后续类似项目积累了珍贵的施工经验。